大人の教科書ワーク

理科

はじめての
大人の
学び直し

BUNRI

大人の教科書ワーク　はじめに

この本は、楽しみながら「はじめての大人の学び直し」をするために作られました。

リスキリング、生涯学習、リカレント教育……。近年、いわゆる意識の高い「大人の学び直し」の必要性が叫ばれています。

そうした、どこか威圧的ですらある社会の声を目の当たりにして、ちょっぴり怖気づいたり、気後れしたりして、

「今さら何を学び直せばええっちゅーねん！」

と、お茶の間でツッコミを入れているあなたにこそ、手に取っていただきたい本です。

この本に収録されている30編のテーマは、主婦や介護士、会社員から会社の社長まで、約200名のさまざまな方にインタビューやアンケートをして得られた「切実な悩みやちょっとしたギモン」を、文理編集部で厳選したものです。

この本が目指したのは、「小・中学生のときに使っていた教科書をひもとくだけで、普段の日常にちょっぴり彩りが生まれるかも」という、ささやかな提案です。

使っていた思い出の教科書をすでに捨ててしまったあなたのために、この『大人の教科書ワーク』は作られました。

ぜひページをめくって、「はじめての大人の学び直し」を楽しんでください！

文理　大人の教科書ワーク編集部

大人の教科書ワーク　この本の使い方

1つのテーマは、それぞれ4ページで構成されています。
どのテーマからでも読み進めることができます。

キャラクター紹介

尻田 がりさん
なるほど！と納得したときは
びっくりマークになる。
・素直
・好奇心旺盛

押江 ヨウさん
このボタンで頭に乗っている教科書を取り替えられる。
・世話焼き
・ちょっとウザいがにくめない。

● 疑問の答えを、「ヒントQUIZ」で考えてみましょう！

① 「クエスチョン」…日常で生まれるさまざまな疑問を取り上げています。
② イラスト…日々の疑問にまつわる、ユーモラスなイラストを掲載。
③ 「ヒントQUIZ」…疑問の答えを導き出すヒントとなるクイズです。
　　次のページを開く前に、ぜひ考えてみてください。

● 「教科書を見てみよう！」＆「つまり、こういうこと」で疑問を解決！

④ 「アンサー」…前ページの疑問に対する答えです。このページ全体を読むことで、答えをくわしく理解することができます。
⑤ 「教科書を見てみよう！」…疑問とその答えに関して、小・中教科書の関連項目のダイジェストを掲載しています。
⑥ 「つまり、こういうこと」…疑問の答えをわかりやすく解説しています。

● 「おさらいワーク」の問題を解いて、知識を確認！

⑦ 「書いて身につく！おさらいワーク」…これまでのページの内容を踏まえて作成された問題です。これらの問題を手を動かしながら解くことで、知識を確認・定着させることができます。
　　※問題の答えは、それぞれのテーマのまとめのページの下部にあります。

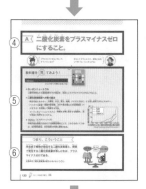

● 疑問の答えを、まとめとコラムで深掘り！

⑧ 「まとめ」…テーマに関連する事項をシンプルにまとめています。
⑨ 「他教科リンク」…『大人の教科書ワーク』の他の教科のページとのリンクです。他の教科で関連するテーマを扱っている際に記しています。
⑩ 「コラム」…テーマに関連した補足事項や「オススメの一冊」を記しています。
⑪ 「くわしいアンサー」…④の「アンサー」をくわしく説明しています。

大人の教科書ワーク　理科　もくじ

暮らしのサイエンス

日々の暮らしでふと目にするもの。
そこには、理科の原理・法則が
関係しているのです！

なるほどサイエンス

疑問に思った現象も、理科の知識でスッキリ解決！

未来のサイエンス

私たちの未来でも、理科がいろいろなところで関係しています。

♠参考教科書一覧
・「新しい科学」中学校理科用（東京書籍）
・「理科の世界」中学校理科用（大日本図書）
・「未来へひろがるサイエンス」中学校理科用（啓林館）
・「新しい理科」小学校理科用（東京書籍）
・「わくわく理科」小学校理科用（啓林館）

写真提供：アフロ

トビライラスト

第1章前半 〉

杉江慎介（すぎえ・しんすけ）

船橋市在住｜イラストレーター・デザイナー
シンプルでゆるいイラストを描いています。
https://note.com/shinsukesugie

第1章後半 〉

なりたりえ

漫画家、イラストレーター。
家族の日常を描いたエッセイ漫画を、SNSで定期
更新中。𝕏@rienarita

第2章前半 〉

山葵とうふう（わさび・とうふう）

漫画ブログ「とうふう絵日記」にて日常漫画を更
新中。3人の子供や夫、猫のエピソードなど描いて
います。https://tohu.blog.jp/

第2章後半 〉

りうん

埼玉在住。理数系大好きな小学生の息子にヒント
をもらいながら描きました。
https://ryun.localinfo.jp/

第3章 〉

永田礼路（ながた・れいじ）

兼業漫画家、医師。生き物とSFが好きです。
著作『螺旋じかけの海』全5巻など。
𝕏@nagatarj　https://note.com/nagatarj

暮らしの
サイエンス

Q なぜサラダ油は g では
はからないの?

油はキッチンスケールで
はからないの?

シーシー
cc

グラム
g

サラダ油は、なぜ g ではからないんだろう?
g ではかっても cc ではかっても、同じだと思うんだけどなあ。

ページをめくる前に考えよう
ヒントQUIZ

単位には、体積を表すもの、質量を表すも
の、面積を表すものなど、いろいろありま
す。体積を表す単位はどれ?

※答えは次のページ

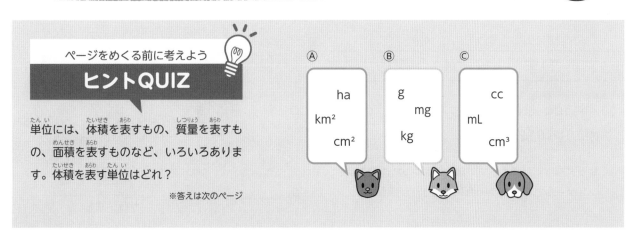

Ⓐ

ha

km²

cm²

Ⓑ

g

mg

kg

Ⓒ

cc

mL

cm³

密度のことはさておき、というノリでいられるから。

水1ccは1gだけど、サラダ油はちがうの？

物質によって、単位体積あたりの質量は異なるんだよ。

教科書を 見 てみよう！

「さまざまな単位」

おもに中学1年理科を参考に作成

物質の密度〔g/cm³〕	
水素	0.00009
空気	0.00120
エタノール	0.79
サラダ(なたね)油	0.91〜0.92
氷（0℃）	0.92
水（4℃）	1.00
鉄	7.87
銅	8.96
水銀	13.53

g/cm³は、「グラム毎立方センチメートル」と読む。

● 体積と質量の単位

体積の単位…cc、cm³、m³など。

質量の単位…g、kg、tなど。

● 密度

1cm³あたりの物質の質量を、その物質の密度（単位：g/cm³）という。

水（4℃）の密度は1g/cm³（1cm³＝1g）だが、物質によって密度は異なる。

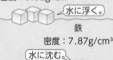

氷
密度：0.92g/cm³

水に浮く。

鉄
密度：7.87g/cm³

水に沈む。

水
密度：1.00g/cm³

● ものの浮き沈み

物体を液体に入れたとき、液体より密度が小さい物体は浮き、液体より密度が大きい物体は沈む。

（例）密度が1.00g/cm³より小さい氷は水に浮き、1.00g/cm³より大きい鉄は水に沈む。

つまり、こういうこと

水は1cc（1cm³）が1gだが、サラダ油は、1ccが0.91〜0.92gとなる。

サラダ油は、計量カップで100ccはかった体積よりも、キッチンスケールで100gはかった体積のほうが多くなる。

サラダ油
100cc

サラダ油
約110cc

キッチンスケール

100g

サラダ油を100gはかりとると…

ヒントQUIZの答え：ⓒ

書いて身につく! おさらいワーク

1 次の単位は、質量、体積のどちらに使われる単位でしょう。質量を表す単位にはA、体積を表す単位にはBを[　]に書きましょう。

㋐ cm³ [　　　]　　㋑ g [　　　]

㋒ cc [　　　]　　㋓ kg [　　　]

cm³は、「立方センチメートル」と読むんだよ!

2 密度は、1cm³あたりの物質の質量であり、次の式で求めることができます。㋐、㋑の密度を求め、[　]に書きましょう。

$$密度〔g/cm^3〕= \frac{物質の質量〔g〕}{物質の体積〔cm^3〕}$$

㋐ [　　　　]g/cm³　　㋑ [　　　　]g/cm³

質量 100g
体積 50cm³

質量 100g
体積 125cm³

3 右の表は、物質の密度を表しています。ものの浮き沈みについて述べた次の㋐～㋒について、正しいものには〇、まちがっているものには×を[　]に書きましょう。

㋐ [　　　　]　　㋑ [　　　　]　　㋒ [　　　　]

物質の密度〔g/cm³〕	
氷（0℃）	0.92
水（4℃）	1.00
エタノール	0.79
サラダ油	0.91～0.92
水銀	13.53
鉄	7.87

（温度を示していないものは室温での値）

㋐ 液体のエタノールの中に氷を入れたら、氷が浮いた。

㋑ 液体の水銀の中に鉄球を入れたら、鉄球が沈んだ。

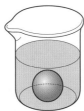

㋒ 水10cm³にサラダ油20cm³を入れたら、サラダ油が浮いた。

サラダ油 20cm³
水 10cm³

まとめ

●密度

体積1cm³あたりの物質の質量を密度という。
物質の質量と体積がわかれば、密度を求めることができる。

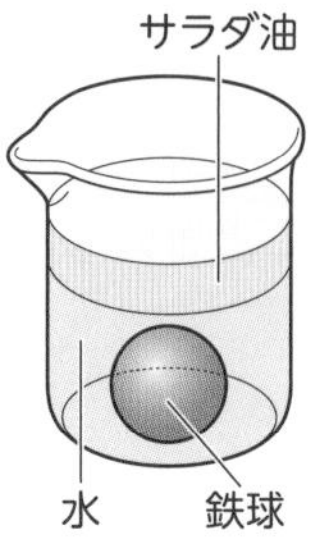

●ものの浮き沈み

物体を液体に入れたとき、液体より密度が小さい物体は浮き、液体より密度が大きい物体は沈む。

→浮き沈みは、もの全体の質量ではなく、密度によって決まる。

●アルキメデスのエピソード

王冠が純粋な金でできているかどうかを調べるよう国王に命じられたアルキメデス（ギリシャの科学者）は、王冠の密度と金の密度を比較することにより、にせの王冠を見抜いた。

注意 ⚠

ドレッシングを振ってから使う理由

サラダドレッシングを振ってから使うのは、「おさらいワーク[3]㋒」のように、容器の中で油と水が分離しているからである。

メモ

質量と重さ

日常生活で使う「重さ」という言葉について、理科では「質量」という用語を用いる場合もある。（42ページ参照）

オススメの一冊

藤嶋昭『すごい科学者のアカン話　科学者40人を紹介！』（ナツメ社、2020）

Q なぜサラダ油はｇではからないの？

A サラダ油1ccは水のように1ｇでないため、体積だけではかれば、液体の密度のことを考えなくてすむから。

★液体をはかるなら、キッチンスケールより、計量スプーンや計量カップではかったほうが楽っていうこともあるよね。

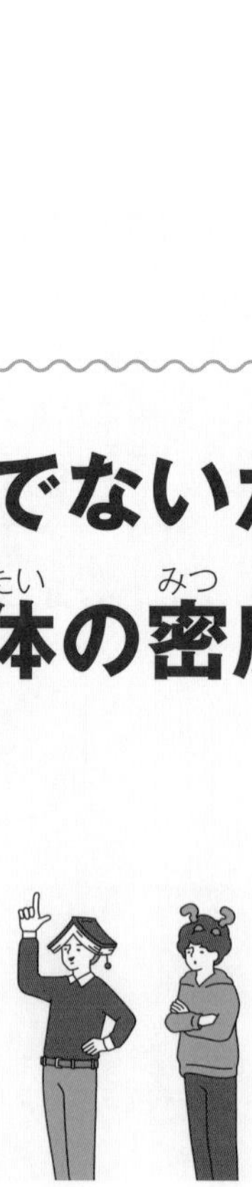

おさらいワークの答え：[1]㋐B　㋑A　㋒B　㋓A　[2]㋐2　㋑0.8　[3]㋐×　㋑×　㋒○

Q おもちを焼くと、なぜ風船のように大きくふくらむの？

おもちを焼くと、なんでふくらむのだろう？ 風船のようにふくらんだ中には、何が入っているのかな？

ページをめくる前に考えよう
ヒントQUIZ

液体の水を加熱すると、やがて沸騰して気体の水蒸気になります。水が液体から気体になると、体積はどうなる？

※答えは次のページ

Ⓐ	Ⓑ	Ⓒ
大きくなる。	小さくなる。	変わらない。

13

A おもちの中には、水分がふくまれているから。

おもちの中にふくまれている水分は、そんなに多くないと思うけど。

液体が気体になるとき、体積がすごく変化するんだよ。

教科書を🔍見てみよう！

理科

「物質の姿と状態変化」

おもに中学1年理科を参考に作成

●固体・液体・気体

身のまわりの物質は、その姿から固体・液体・気体に分けることができる。氷やガラスは固体、水道の水は液体、水蒸気や酸素は気体である。
固体、液体、気体は、粒子（分子）の運動のようすが異なっている。

●状態変化

物質が、固体⇄液体⇄気体と姿を変えることを状態変化という。

●水を加熱したときの体積の変化

水（液体）を加熱すると、100℃で沸騰して水蒸気（気体）になり、粒子が自由に飛び回るようになる。そのため、体積は水のときと比べて大きく増える（約1700倍）。
※粒子の数は変わらないので、質量（重さ）は変わらない。

固体（氷）
粒子はすきまなく
並んでいる。

液体（水）
粒子は自由に
動き回る。

気体（水蒸気）
粒子が自由に
飛び回る。

つまり、こういうこと

おもちが加熱されると、おもちにふくまれている水が水蒸気になる。

おもちの成分であるデンプンがやわらかくなり、表面がのびてゴムのような膜となる。
→体積が飛躍的に大きくなった水蒸気が膜を内側からおし広げるので、おもちがふくらむ。

水蒸気
水

デンプンが
変化して、
ゴムのように
のびる。

💡 ヒントQUIZの答え：Ⓐ大きくなる。

※答えは次のページ

書いて身につく! おさらいワーク

1 身のまわりの物質は、固体・液体・気体に分けることができます。⑦～⑦の状態について説明した文として正しいものを㋜～㋕から選び、線でつなぎましょう。

温度によって、姿が変わるのか～。

⑦ 固体 ●

● ㋜ 粒子の間隔はややあり、粒子は自由に動き回っている。

⑦ 液体 ●

● ㋔ 粒子の間隔は非常に広く、粒子は飛び回っている。体積は、最も大きくなる。

⑦ 気体 ●

● ㋕ 粒子は、規則正しく、すきまなく並んでいる。

2 下の図は、水が状態変化したときの粒子のようすを表したものです。[　]にあてはまる言葉を、右の[　]から選んで書きましょう。

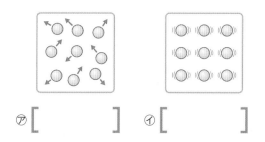

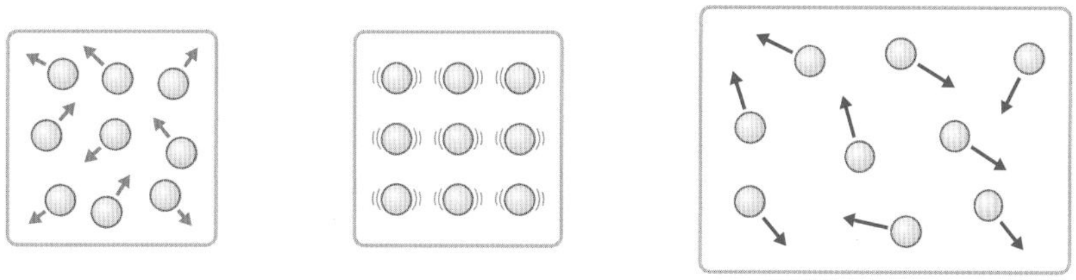

水蒸気
水
氷

⑦ [　　　]　　⑦ [　　　]　　⑦ [　　　]

3 少量のエタノールをポリエチレンの袋に入れ、図のように熱湯をかけました。[　]にあてはまる言葉を書きましょう。

エタノールは約78℃で液体から気体になる物質である。熱湯をかけると、液体のエタノールが気体になり、⑦ [　　　　　]が大きくなる。しかし、袋の中の粒子の数は変わらないので⑦ [　　　　　]は変化しない。

このことから、気体のエタノールは液体のエタノールより、1cm³あたりの質量（重さ）が
⑦ [　　　　]といえる。

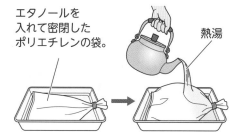
エタノールを入れて密閉したポリエチレンの袋。
熱湯

まとめ

●状態変化

物質は、加熱すると、固体→液体→気体へと変わっていく。また、冷却すると、気体→液体→固体へと変わっていく。このことを**状態変化**という。

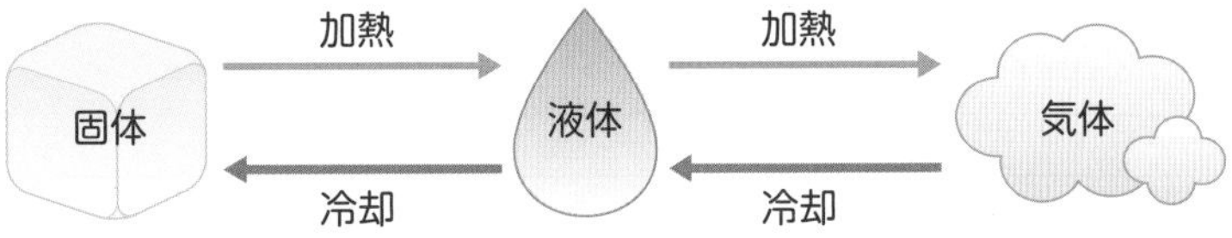

固体
加熱
液体
加熱
気体
冷却
冷却

●状態変化と体積・質量（重さ）

多くの物質は、固体→液体→気体と姿を変えると、体積は増えるが、粒子の数が増えたり減ったりするわけではないので、質量は変わらない。よって、**密度**（1cm³あたりの質量）は、固体→液体→気体と姿を変えるにつれ小さくなる（＝軽くなる）。

エタノールの粒子

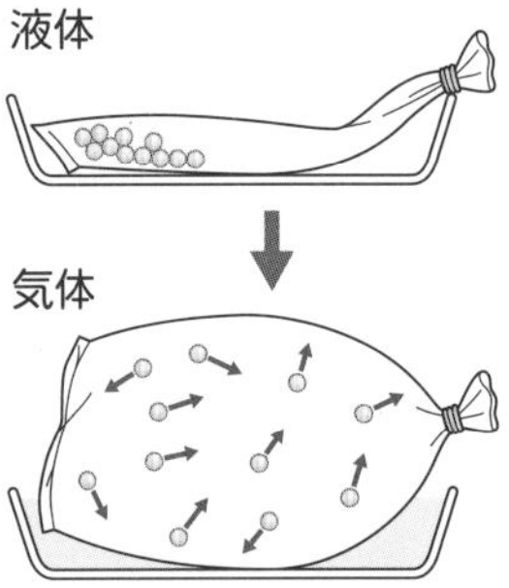

液体
気体

メモ

ドライアイス

多くの物質は、固体⇄液体⇄気体と姿を変えるが、固体のドライアイスは空気中では液体にならず、固体から直接、気体の二酸化炭素になる。このような変化を**昇華**という。

メモ

水の体積変化

水は例外で、固体（氷）→液体（水）と姿を変えると、質量は変わらないが、体積は減る。

オススメの一冊

左巻健男『大人のやりなおし中学化学　現代を生きるために必要な科学的基礎知識が身につく』サイエンス・アイ新書
（SB クリエイティブ、2008）

Q おもちを焼くと、なぜ風船のように大きくふくらむの？

A おもちにふくまれている水が水蒸気になり、おもちの中が、その水蒸気で満たされるから。

★おもちの中の圧力が高くなって、やわらかくなったおもちの壁を広げるようにふくらませるということだね。

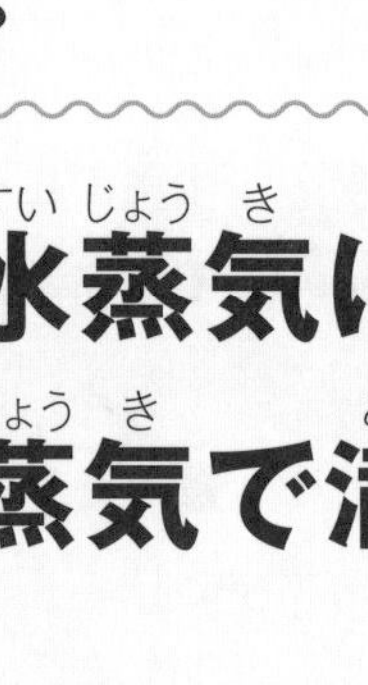

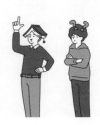

おさらいワークの答え：[1]㋐と㋕、㋑と㋓、㋒と㋔を線で結ぶ。　[2]㋐水　㋑氷　㋒水蒸気
[3]㋐体積　㋑質量（重さ）　㋒小さい

暮らしのサイエンス

Q 野菜を煮ると出てくる灰汁の正体は何?

野菜スープをつくろうとしたら、泡のようなものが出てきたよ。
灰汁っていうものらしいけど、これはいったい何なのだろう?

ページをめくる前に考えよう

ヒントQUIZ

ヒトの体は、光やにおい、音や熱さ・冷たさなど、いろいろなものを感じることができます。では、味は体の何という部分で感じる?　※答えは次のページ

Ⓐ 耳　　Ⓑ 目　　Ⓒ 舌

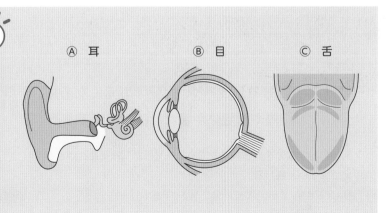

A 食べるとまずいと感じられるもの。

灰汁って、見た目もよくないよね。あの正体は何なの?

細胞の中に、もともとふくまれていた成分なんだよ。

教科書を見てみよう!

理科

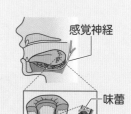
感覚神経
味蕾
味を感じる細胞（味細胞）

「感覚器官」

おもに中学2年理科を参考に作成

● 感覚器官

刺激を受けとる器官を感覚器官といい、目（視覚）、耳（聴覚）、鼻（嗅覚）、舌（味覚）、皮膚（触覚）などの感覚器官がある。

● 味覚を感じる舌

舌にある、味の刺激を受けとる感覚器（味蕾）に、味を感じる細胞（味細胞）が備わっている。

【植物の細胞】

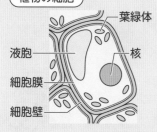
葉緑体
核
液胞
細胞膜
細胞壁

● 細胞のつくり

・核（遺伝子をふくむつくり）、細胞膜は、動物・植物の細胞に共通して見られる。
・葉緑体（光合成を行う粒状のつくり）、液胞（液体のつまった袋状のつくり）、細胞膜の外側の細胞壁（厚く丈夫な仕切り）は、植物の細胞だけに見られるつくりである。

つまり、こういうこと

細胞の中にある、渋みやえぐみ※の元になる成分が、細胞膜や細胞壁が壊れることで出てくる。

灰汁のもつ成分を、舌の味蕾にある感覚細胞（味細胞）がとらえてまずいと感じる。

※えぐみ＝舌にまとわりつくような、苦さや不快な味。

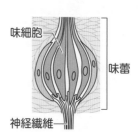
味細胞
味蕾
神経繊維

味蕾の味細胞で味を感じるんだね。

 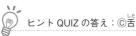 ヒントQUIZの答え：©舌

書いて身につく！ おさらいワーク

1 次の図は、ヒトがもつ5つの感覚器官をまとめたものです。㋐～㋔に入る言葉を、右の □ から選んで[　]に書きましょう。

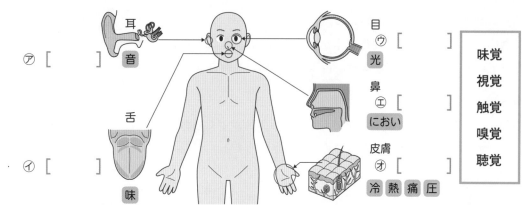

耳 音 ㋐ [　]
舌 ㋑ [　] 味
目 ㋒ [　] 光
鼻 ㋓ [　] におい
皮膚 ㋔ [　] 冷 熱 痛 圧

味覚 視覚 触覚 嗅覚 聴覚

2 次の図は、植物と動物の細胞を模式的に表したものです。㋐～㋔の細胞のつくりについて、関係のあるものを下の □ から選んで、A～Eの記号を[　]に書きましょう。

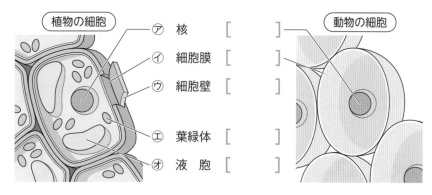

植物の細胞
㋐ 核 [　]
㋑ 細胞膜 [　]
㋒ 細胞壁 [　]
㋓ 葉緑体 [　]
㋔ 液胞 [　]
動物の細胞

A 袋状のつくりで、細胞の活動でできた物質がとけた液で満たされている。
B 厚くて丈夫な仕切りで、植物の体の形を保つはたらきがある。
C 緑色をした粒で、光のエネルギーを利用して光合成を行う。
D 1つの細胞に1つふくまれるつくりで、子に形質を伝える遺伝子をふくんでいる。
E 細胞を包むうすい膜で、植物の細胞にも動物の細胞にもある。

まとめ

●感覚器官

刺激を受けとる器官を**感覚器官**といい、感覚には、**視覚**、**聴覚**、**嗅覚**、**味覚**、**触覚**などがある。

●味覚

味覚は**味蕾**にある**味細胞**で感じる。

味蕾の数は年齢によって変化するが、その総数は約9000個といわれている。味蕾は軟口蓋など、舌以外の場所にも存在する。

●細胞

生物は、**細胞**とよばれる小さな構造が集まって体がつくられている。植物と動物では、細胞のつくりにちがいがある。

[植物の細胞]

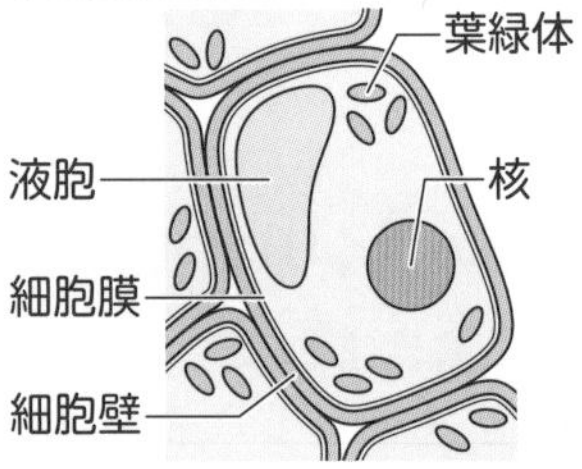
葉緑体
液胞
核
細胞膜
細胞壁

メモ

灰汁の成分

植物性の灰汁の成分として、シュウ酸、アルカロイド、ポリフェノール類、サポニンなどがあげられる。灰汁は、動物などから食べられないように、植物が自分を守るためにあるという説もある。

メモ

細胞のくわしいつくり

細胞には、タンパク質を合成するリボソーム、タンパク質の輸送にかかわるゴルジ体、細胞による呼吸（細胞呼吸）を行うミトコンドリアなどのつくりもある。

オススメの一冊

清水茜『よくわかる！「はたらく細胞」 細胞の教科書』KCDX（講談社、2019）

[Q] 野菜を煮ると出てくる灰汁の正体は何？

[A] 灰汁は、野菜を加熱することなどにより細胞が壊れて、渋みやえぐみ、雑味の元になる成分が出てきたもの。

★肉や魚などの動物性食品にも、臭みの元になる成分がふくまれていて、煮ると煮汁に茶色や白色の灰汁が出てくるね！

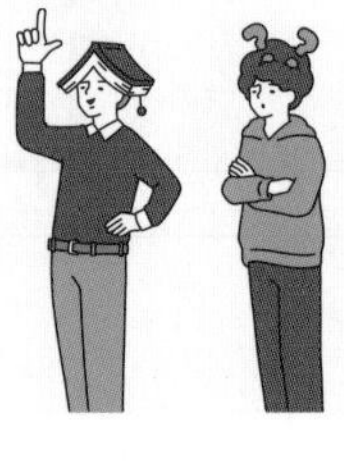

おさらいワークの答え：[1] ㋐聴覚 ㋑味覚 ㋒視覚 ㋓嗅覚 ㋔触覚 [2] ㋐D ㋑E ㋒B ㋓C ㋔A

Q ぬか床で漬物ができるのはなぜ？

ぬか床で何が起こっているの？

好物のぬか漬け！　なんともいえない味わいがあるなあ！
食材をぬかに漬けると、なんでおいしくなるの？

ページをめくる前に考えよう
ヒントQUIZ

自然界には、顕微鏡を使わないと見えないような小さな生物がいます。大腸菌やアオカビなどの小さな生物を何という？

※答えは次のページ

Ⓐ	Ⓑ	Ⓒ
微生物	単細胞生物	プランクトン

A 乳酸菌などが、一生懸命 はたらいているから。

目に見えない小さな乳酸菌が、食材の味を変えてくれるの？

タンパク質やデンプンが分解されて、うまみのある成分が生まれるんだ。

教科書を てみよう！

「分解者のはたらき」

おもに中学3年理科を参考に作成

生産者 → 消費者
植物 → 草食動物 → 肉食動物
死がいやふん
分解者

土壌動物・微生物

● **食物連鎖**
自然界は、食べる・食べられるの関係でつながっている。これを食物連鎖という。

● **生産者と消費者**
植物のように、光合成によって無機物から有機物をつくり出す生物を生産者といい、植物を食べる草食動物や、さらにそれらを食べる肉食動物を消費者という。

● **分解者**
植物や動物の死がいやふんなどを食べることで、排出物の分解にかかわっている生物を、特に分解者という。

● **微生物**
生物の死がいやふんなどは、やがて消えてなくなる。これは、土中にすむ微生物が最終的に有機物を無機物に分解してくれるからである。微生物には、乳酸菌や大腸菌などの細菌類や、カビ・キノコなどの菌類がいる。

つまり、こういうこと

乳酸菌が、食材にふくまれる栄養分を分解して、うまみ成分のアミノ酸や糖分に変えてくれる。

微生物が、食材を化学変化させることで、味わいや栄養価が新しく生まれることを発酵という。

タンパク質
デンプン
（有機物）
↓
乳酸菌
↓
アミノ酸
糖分

これが、ぬか漬けのうまみ成分なんだね！

ヒントQUIZの答え：Ⓐ微生物

書いて身につく！ おさらいワーク

1

下の図は、食べる・食べられるの関係（食物連鎖）を表したものです。［　　］にあてはまる語句を、右の□から選んで書きましょう。

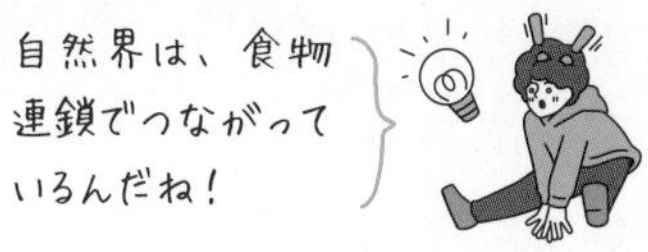
自然界は、食物連鎖でつながっているんだね！

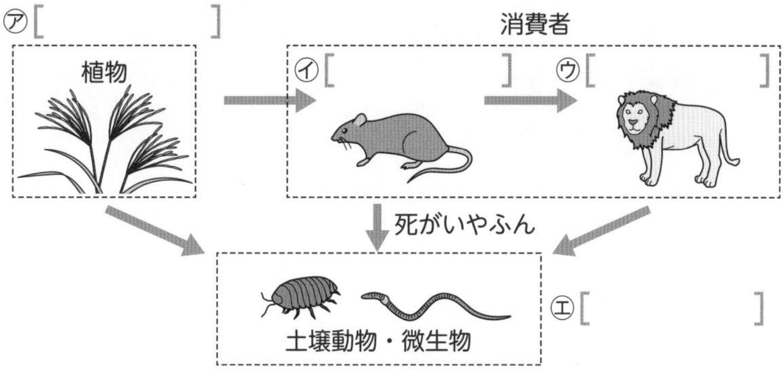
㋐［　　　］
植物
消費者
㋑［　　　］
㋒［　　　］
死がいやふん
土壌動物・微生物
㋓［　　　］

- 分解者
- 生産者
- 肉食動物
- 草食動物

2

次の生物のうち、生物の死がいやふんなどを分解する生物はどれですか。その生物には、［　　］に○を書きましょう。

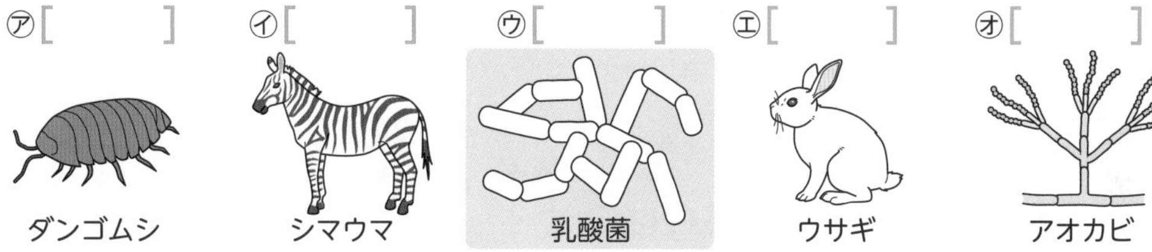
㋐［　　］
ダンゴムシ
㋑［　　］
シマウマ
㋒［　　］
乳酸菌
㋓［　　］
ウサギ
㋔［　　］
アオカビ

3

落ち葉などが混ざった泥水をガーゼでこし、こした液にデンプンのりを入れました。3日後、この液にヨウ素液を加えたときの色の変化として正しいものに○を書きましょう。また、その結果になった理由を簡単に書きましょう。

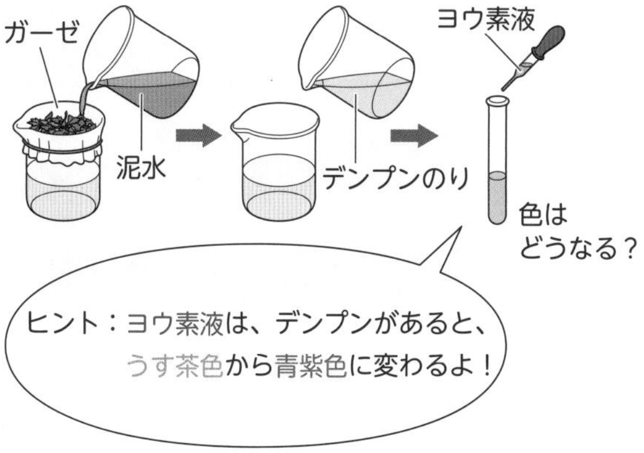
ガーゼ
泥水
デンプンのり
ヨウ素液
色はどうなる？
ヒント：ヨウ素液は、デンプンがあると、うす茶色から青紫色に変わるよ！

㋐［　　］ うす茶色のまま変わらない。

㋑［　　］ うす茶色から青紫色に変わる。

理由［　　　　　　　　　　　　　　　　　　　　］

まとめ

● 食物連鎖と食物網

食べる・食べられるのひとつながりの関係を**食物連鎖**という。自然界では、食物連鎖は単純なつながりではなく、網の目のようにからみ合っている。これを**食物網**という。

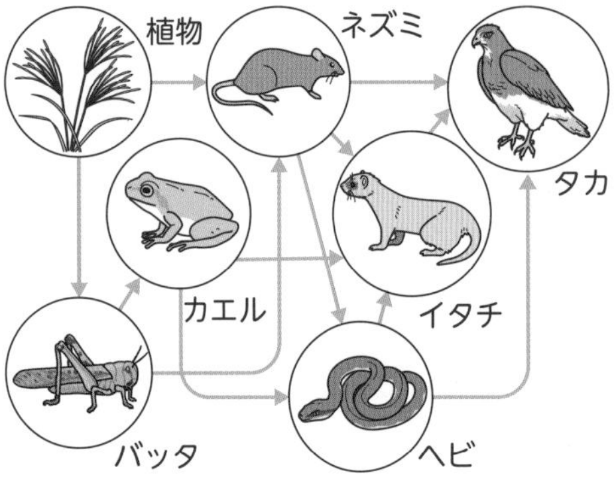

植物
ネズミ
タカ
カエル
イタチ
バッタ
ヘビ

● 分解者

分解者には、ダンゴムシやミミズなどの**土壌動物**と、菌類・細菌類などの**微生物**がいる。
これらの生物は、生物の死がいやふんなどにふくまれる物質（有機物）を分解して生きている。
→みそ、ヨーグルト、納豆などは、菌類や細菌類が、食材の成分を分解するはたらきを利用してつくられている。

メモ

腸内にいる分解者
人間の腸内には、500〜1000種類ほどの細菌が存在し、腸内細菌とよばれている。

メモ

麹菌
みりん、しょう油、みそ、米酢などの調味料は、麹菌を利用してつくられている。麹菌は、デンプン、タンパク質、脂肪を分解して、うまみなどをつくり出している。

オススメの一冊

山形洋平『眠れなくなるほど面白い　図解　微生物の話』（日本文芸社、2020）

[Q] ぬか床で漬物ができるのはなぜ？

[A] **ぬか床にいる乳酸菌などが食材のタンパク質やデンプンを分解することで、うまみ成分が生まれるから。**

★ぬか漬けができるのは、乳酸菌以外にも、酵母やそのほかの多種多様な微生物がはたらいてくれるからなんだよ！

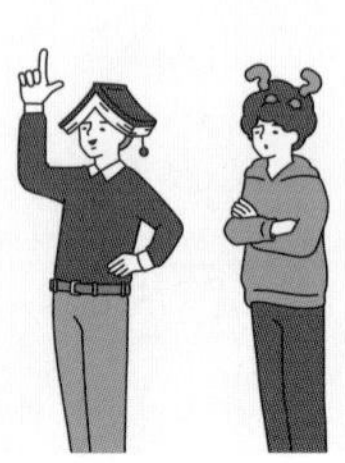

おさらいワークの答え：[1] ㋐生産者　㋑草食動物　㋒肉食動物　㋓分解者　[2] ㋐、㋒、㋔に○
[3] ㋐に○　理由：デンプンが泥水の中の微生物によって分解されたから。

暮らしのサイエンス

頭を使うと甘いものが食べたくなるのはなぜ?

旅行のスケジュールを2時間考えていたら、ちょっと疲れたなあ…。
ここで一休みして、チョコレートを食べたいな。

ページをめくる前に考えよう

ヒントQUIZ

自動車のエンジンと生物の細胞は、どちらも有機物と酸素を利用し、似たようなしくみで水、二酸化炭素とあるものを生み出しています。あるものとは何?

※答えは次のページ

自動車のエンジン	生物の細胞
有機物（ガソリン）と酸素	有機物（養分）と酸素
↓	↓
水、二酸化炭素と？	水、二酸化炭素と？

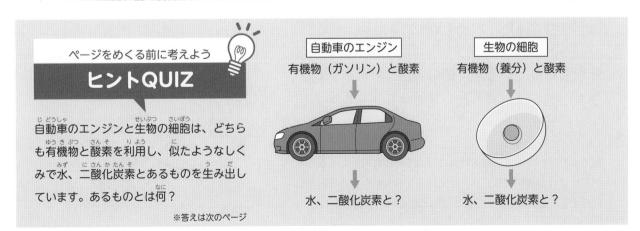

A 脳は筋肉と同じくらいたくさんのエネルギーを消費するから。

 脳って、そんなにたくさんエネルギーを消費するの!?

ヒトが1日に消費するエネルギーの約20%が脳で消費されるよ。

教科書を 見 てみよう！

理科

「呼吸のはたらき」

おもに中学2年理科を参考に作成

●エネルギーのとり出し方

私たちの活動（考える、歩くなど）は、細胞が集まってできた組織や、組織が集まってできた器官によって行われている。組織や器官がはたらくためには、消化・吸収された養分を細胞がとりこみ、その養分からとり出されるエネルギーが必要である。

ヒトの臓器・組織における安静時代謝量

eヘルスネット（厚生労働省）より

臓器・組織	全身	骨格筋	脂肪組織	肝臓	脳	心臓	腎臓	その他
エネルギー代謝量(kcal/日)	1700	370	70	360	340	145	137	277

●細胞による呼吸（細胞呼吸）と肺呼吸

・細胞による呼吸…細胞が、酸素と養分（有機物）からエネルギーをとり出すはたらき。

・肺呼吸…肺で、酸素と二酸化炭素をやりとりするはたらき。

つまり、こういうこと

脳が活動している間、脳の細胞は呼吸を行い、ブドウ糖を「燃料」としてエネルギーを生み出している。

血液中のブドウ糖が、脳の細胞の呼吸で使われて少なくなると、ブドウ糖を直接摂取したり、体内に蓄えられた栄養分を利用したりすることにより、血液中のブドウ糖を補う必要が生じる。

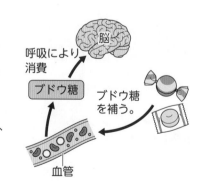

呼吸により消費

ブドウ糖

ブドウ糖を補う。

血管

ヒントQUIZの答え：エネルギー

※答えは次のページ

書いて身につく! おさらいワーク

1 ヒトの体が健康的に機能するためには、炭水化物・タンパク質・脂質（脂肪）の三大栄養素（有機物）やビタミン・ミネラルなどの無機物を、バランスよく摂取することが必要です。㋐～㋒の三大栄養素について説明した文章として正しいものを㋓～㋕から選び、線でつなぎましょう。

㋐ 炭水化物 ●　　● ㋓ 水にとけにくい物質。エネルギーや、体をつくるもとになる。バターやサラダ油に多くふくまれる。

㋑ タンパク質 ●　　● ㋔ 髪の毛や皮膚など、体をつくるもとになる物質。消化により分解され、アミノ酸として吸収される。牛肉、大豆に多くふくまれる。

㋒ 脂質 ●　　● ㋕ 炭素、水素、酸素からできている物質。エネルギーをつくり出すもとになる。コメ、イモなどに多くふくまれる。

2 下の図は、細胞による呼吸と肺呼吸のちがいについてまとめようとしたものです。これについて、あとの問いに答えましょう。

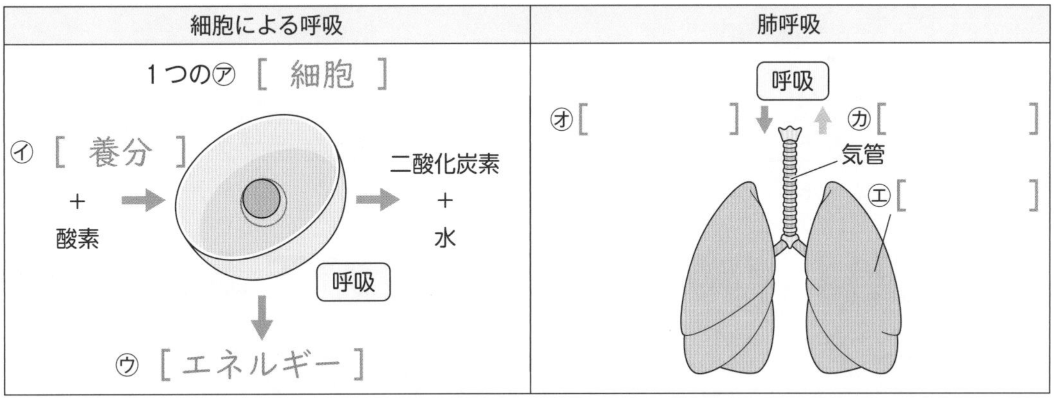

(1) 図の㋐～㋒の [　　　] 内の、灰色の文字をなぞりましょう。

(2) 図の㋓～㋕の [　　　] にあてはまる語句を、次の ［　］ から選んで書きましょう。

二酸化炭素　　水　　酸素　　肺

まとめ

●エネルギーを生み出すはたらき

生物の活動に必要なエネルギーは、**細胞による呼吸**（**細胞呼吸**）によって生み出される。

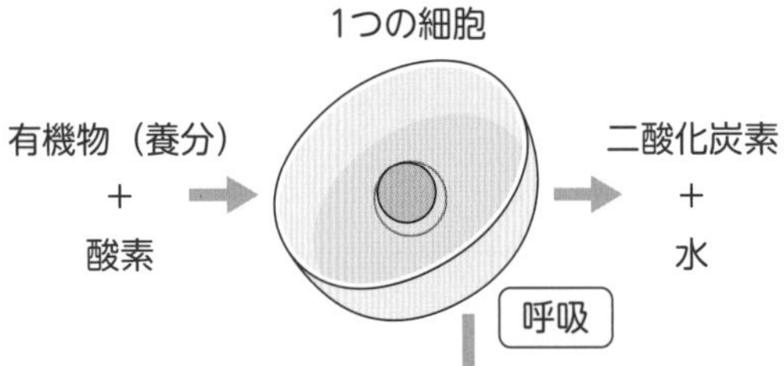

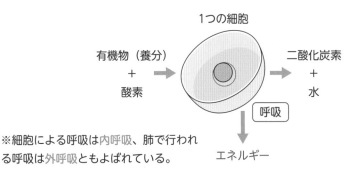

1つの細胞
有機物（養分）
＋
酸素
二酸化炭素
＋
水
呼吸
エネルギー

※細胞による呼吸は**内呼吸**、肺で行われる呼吸は**外呼吸**ともよばれている。

●細胞による呼吸で使われる養分

炭水化物、タンパク質、脂質（脂肪）の三大栄養素が消化・吸収された物質が、細胞による呼吸で使われる。

デンプン（炭水化物）は、消化されると最終的に**ブドウ糖**になり、タンパク質は、消化されると最終的にアミノ酸になる。また、脂肪は、消化されると**脂肪酸**と**モノグリセリド**になる。これらは、小腸で体内に吸収される。

メモ

教科書の内容変更

かつて教科書では、脂肪は消化酵素によって、最終的に脂肪酸とグリセリンに分解されると記されていたが、2012年以降の中学理科教科書から、グリセリンではなく「モノグリセリド」に変更となった。

オススメの一冊

田中明、蒲池桂子：監修　いとうみつる：イラスト『たべることがめちゃくちゃ楽しくなる！　栄養素キャラクター図鑑』（日本図書センター、2014）

[Q] 頭を使うと甘いものが食べたくなるのはなぜ？

[A] 脳は骨格筋と同程度のエネルギーを消費し、血液中のブドウ糖が少なくなると、それを補充したくなるから。

★頭を使うと、血液中のブドウ糖が減ったことを脳が感知して、甘いものを食べたくなるんだね。

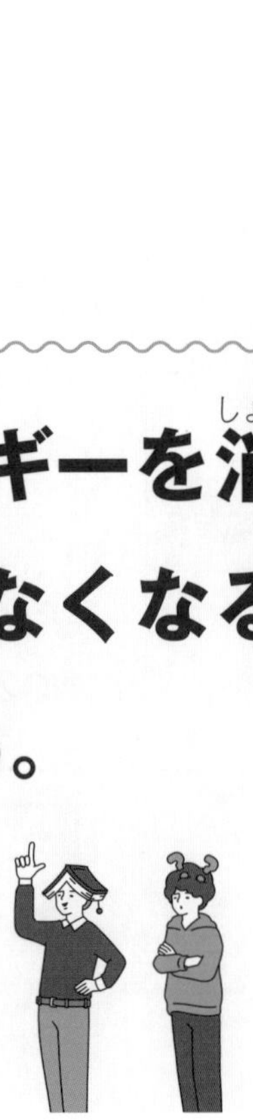

おさらいワークの答え：[1]㋐と㋕、㋑と㋔、㋒と㋓を線で結ぶ。　[2](2)㋓肺　㋔酸素　㋕二酸化炭素

Q # チョコレートが口の中で とろけるのはなぜ？

あたたまると
とけだすのはなぜ？

カチカチ

COLD

HOT

トロ～リ

とけてる！ろ

箱から出した、かたいチョコレート。
これを、口の中に入れると、どろどろにとけ出すのはなんでだろう？

ページをめくる前に考えよう
ヒントQUIZ

ヒトの体温は、まわりの温度にかかわらず、ほぼ一定に保たれています。人の体温は30℃よりも高い？　低い？

※答えは次のページ

Ⓐ	Ⓑ	Ⓒ
高い。	低い。	ほぼ同じ。

A 体温でチョコレートがとけるから。

体温でとけるって言っても、人の体温はせいぜい37℃ぐらいでしょ？

固体がとけて液体になる温度は、物質によって異なるんだよ。

教科書を 見 てみよう！

理科

「融点」

おもに中学1年理科を参考に作成

● **加熱による変化**
物質が、固体→液体→気体と姿を変えることを**状態変化**という。

● **融点と沸点**
固体が液体になるときの温度を**融点**、液体が沸騰して気体になるときの温度を**沸点**という。

● **いろいろな物質の融点**
融点は、物質の種類によって決まっていて、物質の量には関係しない。

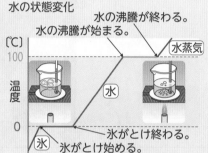

水の状態変化

水の沸騰が終わる。
水の沸騰が始まる。
水蒸気
〔℃〕
100
温度
水
0
氷がとけ終わる。
氷
氷がとけ始める。
時間

いろいろな物質の融点

物質	鉄	銅	塩化ナトリウム	水	水銀	酸素
融点〔℃〕	1538	1085	801	0	−39	−219

つまり、こういうこと

チョコレートが口の中で、人の体温によってあたためられてとけるから。

チョコレートの原材料であるココアバターの融点は約33.8℃。一方、人の体温は36〜37℃なので、口の中でチョコレートが融点に達してとける。

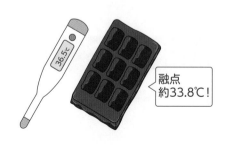

36.5℃

融点
約33.8℃！

ヒントQUIZの答え：Ⓐ高い。

書いて身につく! おさらいワーク

1 次の文は、物質の状態変化について述べたものです。正しいものには〇、まちがっているものには×を[ ]に書きましょう。

㋐ [   ] 固体が液体になるときの温度を融点という。

㋑ [   ] 気体が液体になるときの温度を沸点という。

㋒ [   ] 鉄や銅などの金属は、どんなに高い温度にしても液体にはならない。

2 次のグラフは、氷を加熱していったときの温度の変化を表したものです。[ ]にあてはまる言葉や数字を、右の ☐ のA〜Eから選んで書きましょう。

物質は、温度によって姿を変えるんだね!

㋐ [   ]

㋑ [   ]

㋒ [   ]

㋓ [   ]

㋔ [   ]

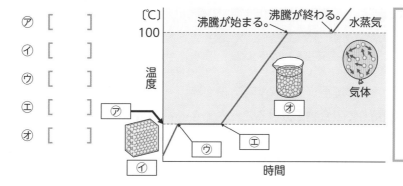

A ○

B 水（液体）

C 氷（固体）

D 氷がとけ始める。

E 氷がとけ終わる。

3 次の表は、いろいろな物質の融点と沸点をまとめたものです。表を見て、[ ]の中から正しいほうを選び、〇で囲みましょう。

物質	鉄	銅	塩化ナトリウム	水	水銀	酸素
融点〔℃〕	1538	1085	801	0	−39	−219
沸点〔℃〕	2862	2562	1485	100	357	−183

(1) 鉄は、1200℃では[固体・液体]である。

(2) 温度が−20℃のとき、固体の状態であるのは㋐[塩化ナトリウム・水銀]で、気体の状態であるのは㋑[銅・酸素]である。

●融点と沸点

固体がとけて液体になるときの温度を融点、液体が沸騰して気体になるときの温度を沸点といい、融点と沸点は、物質の種類によって決まっている。

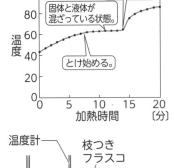

パルミチン酸（融点約63℃）の温度変化

とけ終わる。

固体と液体が混ざっている状態。

とけ始める。

温度〔℃〕／加熱時間〔分〕

●蒸留

右の図の装置で、エタノールと水を混ぜたもの（混合物）を加熱すると、エタノールが先に出てきて試験管にたまる。
エタノールの沸点は約78℃で、水の沸点100℃より低いからである。
液体を沸騰させて気体にし、冷やして再び液体にする方法を蒸留といい、沸点のちがいを利用して混合物を分けることができる。

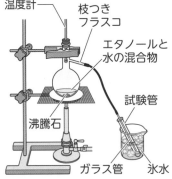

温度計／枝つきフラスコ／エタノールと水の混合物／試験管／沸騰石／ガラス管／氷水

メモ □

石油の精製

石油（原油）は、プロパンなどのガス、ガソリン、灯油、軽油、重油、アスファルトなど、沸点の異なる物質が混ざったものである。

メモ □

こおらせたスポーツドリンク

こおらせたスポーツドリンクをゆっくりとかしながら飲むと、だんだん味がうすくなる。これは、あまい部分が先に低い温度でとけ出すからである。

オススメの一冊

セルゲイ・ウルバン『今日から理系思考！「お家にある材料」でおもしろ科学の実験図鑑』（原書房、2020）

Q チョコレートが口の中でとろけるのはなぜ？

A 融点が約33.8℃のチョコレートが、36〜37℃の体温であたためられてとけ始め、液体に変わるから。

★冷たい牛乳とチョコレートを交互に食べると、チョコレートがなかなかとけないよね。あれは、冷たい牛乳で口の中の温度が低くなるからなんだね。

おさらいワークの答え：1㋐○ ㋑× ㋒× 2㋐A ㋑C ㋒D ㋓E ㋔B
3(1)固体 (2)㋐塩化ナトリウム ㋑酸素を○で囲む。

Q 焼き魚に大根おろしを添えて食べるのはなぜ？

おっ、待ってたぞっ！　大好物、サンマの塩焼き！
それにしても、大根おろしがピッタリなのは、なんでなんだ！？

ページをめくる前に考えよう
ヒントQUIZ

炭水化物、タンパク質、脂質（脂肪）を三大栄養素といいます。魚の身にふくまれている栄養素のうち、最も割合の大きいものは何？

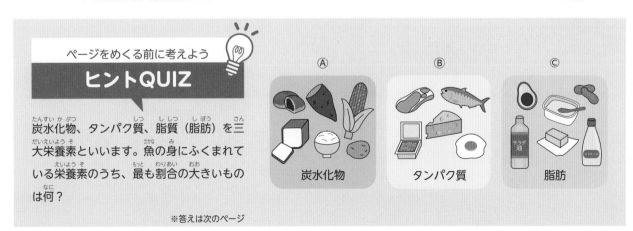

Ⓐ 炭水化物　Ⓑ タンパク質　Ⓒ 脂肪

※答えは次のページ

A 大根おろしには、いろいろな消化酵素がふくまれているから。

大根おろしって、焼き魚の味を引き立てるためだけじゃないの!?

ふくまれている成分が、消化に関係してくるんだよ。

教科書を 見 てみよう！

理科

「消化のはたらき」

おもに中学2年理科を参考に作成

●消化とは？

口からとり入れられた食物は、食道→胃→小腸→大腸→肛門と続く1本の消化管を通っていく。そのとき食物は、消化液のはたらきによって分解され、吸収されやすい細かい粒になる。養分が小腸から吸収されやすい細かい粒に変化することを消化という。

●消化液の種類

消化液は、だ液せん、胃、肝臓、すい臓、小腸でつくられ、消化管の中に出される。

消化液のほとんどは消化酵素をふくみ、消化する相手（養分）が決まっている。

	口	胃	肝臓	すい臓	小腸
	だ液	胃液	胆汁	すい液	小腸の壁の消化酵素
デンプン（炭水化物）					→ ブドウ糖
タンパク質					→ アミノ酸
脂肪					→ 脂肪酸 モノグリセリド

つまり、こういうこと

大根おろしは、消化の手助けをしてくれる。

大根おろしには、デンプン（炭水化物）、タンパク質、脂肪を分解する消化酵素がふくまれている。

→食べた魚を分解する手助けをしてくれることで、消化する負担が少なくなり、胃もたれや胸やけを予防してくれる。

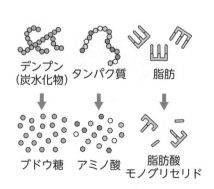

デンプン（炭水化物）　タンパク質　脂肪

ブドウ糖　アミノ酸　脂肪酸 モノグリセリド

ヒントQUIZの答え：Ⓑタンパク質

※答えは次のページ

書いて身につく! おさらいワーク

1

ヒトが口からとり入れた食べ物は、消化液によって消化され、体の中に吸収されて、エネルギー源や体をつくるもととして使われます。これについて、次の問いに答えましょう。

(1) 次の食べ物が多くふくんでいる栄養素は何でしょう。右の［　］の㋐～㋒からあてはまるものを1つずつ選んで、[　　]に記号を書きましょう。

米 [　　]　落花生 [　　]　肉 [　　]　パン [　　]

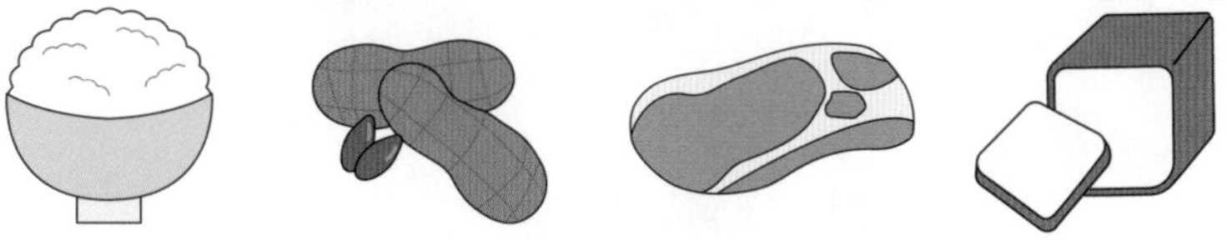

㋐ 炭水化物
㋑ タンパク質
㋒ 脂肪

(2) 右の図を参考にして、食べ物の通り道の順になるように、次の [　　] にあてはまる語句を書きましょう。

口→㋐ [　　　　] →㋑ [　　　　]
→㋒ [　　　　] →㋓ [　　　　] →肛門

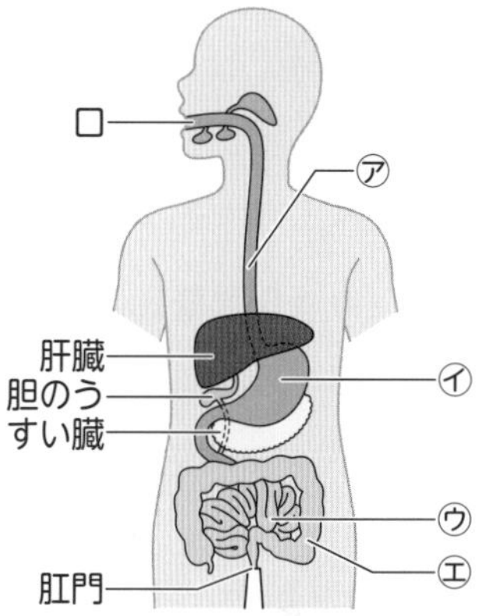

(3) 次の文は、消化について述べたものです。正しいものには○、まちがっているものには×を [　　] に書きましょう。

[　　] 消化酵素は、分解する養分が決まっている。

[　　] タンパク質は、最終的にブドウ糖に分解される。

[　　] 養分を消化するのは、小腸で吸収されやすくするためである。

2

次の表は、消化器官と消化液、消化される栄養素についてまとめたものです。㋐、㋑の [　　] には語句を、㋒～㋕の (　) には○、×のいずれかを書きましょう。ただし、消化液が養分の消化にかかわる場合は○、消化にかかわらない場合は×で表しています。

消化器官	消化液	デンプン(炭水化物)	タンパク質	脂肪
口	だ液	○	㋓ (　)	×
胃	㋑ [　　]	㋒ (　)	○	×
㋐ [　　]	胆汁	×	㋔ (　)	○
すい臓	すい液	○	○	㋕ (　)
小腸	小腸の壁の消化酵素	○	○	×

まとめ

● 食べたもののゆくえ

食べたものは消化管（口→食道→胃→小腸→大腸→肛門）の中を順に送られ、消化された養分は小腸で吸収される。

● 消化液のはたらき

だ液・胃液・胆汁・すい液などの消化液は、養分が小腸から吸収されやすいように、養分を細かい粒に分解する。

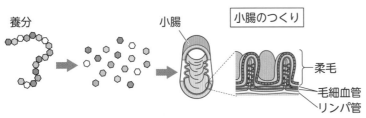

養分　　　　　　小腸　　　　　小腸のつくり

柔毛
毛細血管
リンパ管

※小腸の内側には柔毛といわれる無数の突起があり、表面積を広くすることによって、効率よく養分を吸収している。

● 消化酵素のはたらき

1種類の消化酵素は、1種類の養分だけにはたらきかける。

注意 ⚠

胆汁

肝臓でつくられる胆汁は、消化酵素をふくまないが、脂肪を細かい粒にして消化しやすくするはたらきがある。

メモ □

大根おろしにふくまれている主な消化酵素

タンパク質分解酵素（プロテアーゼ）、脂肪分解酵素（リパーゼ）、炭水化物分解酵素（アミラーゼ、ジアスターゼ）など。

メモ □

小腸の柔毛

突起が無数にあることで、養分と触れ合う面積が広くなる。小腸の内側を平らに広げると、面積は約200m²（テニスコート1面分）にもなる。

オススメの一冊

山本健人『すばらしい人体　あなたの体をめぐる知的冒険』（ダイヤモンド社、2021）

Q 焼き魚に大根おろしを添えて食べるのはなぜ？

A 大根おろしには、デンプン（炭水化物）、タンパク質、脂肪を分解する消化酵素がふくまれているから。

★脂肪を分解する消化酵素もふくまれているから、あぶらっこい魚も胃もたれを感じさせないのかもしれないね。

Q なぜ重曹で汚れが落ちるの？

重曹って、ホットケーキなどにふくまれているふくらし粉のことだよね。
なぜ重曹で、汚れが落ちるのだろう？

ページをめくる前に考えよう
ヒントQUIZ

水溶液は、酸性・中性・アルカリ性に分けることができます。では、重曹の水溶液は酸性、中性、アルカリ性のどれ？

※答えは次のページ

酸性
酢

中性
水

アルカリ性
せっけん水

A ⟨ 汚れの一部が重曹の水溶液と反応するから。

汚れの一部が重曹と反応して、どんなものができるの？

汚れを落とす成分がつくられるんだよ！

教科書を 見 てみよう！

理科

「酸・アルカリ」

おもに中学3年理科を参考に作成

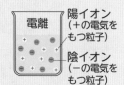
電離
陽イオン（＋の電気をもつ粒子）
陰イオン（－の電気をもつ粒子）

● **電離**
電解質が水にとけて、陽イオンと陰イオンに分かれることを電離という。

● **酸、アルカリ**
水溶液にしたとき、電離して水素イオン（H^+）を生じる物質を酸、水酸化物イオン（OH^-）を生じる物質をアルカリという。

酸 → H^+ ＋ 陰イオン
　　　水素イオン

（例）HCl → H^+ ＋ Cl^-
　　塩化水素　　水素イオン　　塩化物イオン

アルカリ → 陽イオン ＋ OH^-
　　　　　　　　　水酸化物イオン

（例）NaOH → Na^+ ＋ OH^-
　　水酸化ナトリウム　ナトリウムイオン　水酸化物イオン

● 酸性・中性・アルカリ性を調べる指示薬

	酸性	中性	アルカリ性
赤色リトマス紙	変化なし	変化なし	青色
青色リトマス紙	赤色	変化なし	変化なし
BTB溶液	黄色	緑色	青色
フェノールフタレイン溶液	変化なし	変化なし	赤色

つまり、こういうこと

重曹で汚れが落ちるのは、汚れの一部が重曹と反応してセッケンのようなはたらきをするから。

重曹は水にとけるとアルカリ性を示す。汚れにふくまれる脂肪が、アルカリによって加水分解され、セッケンの成分ができる。

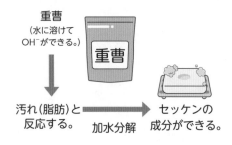
重曹（水に溶けてOH⁻ができる。）
重曹
汚れ（脂肪）と反応する。 → 加水分解 → セッケンの成分ができる。

ヒントQUIZの答え：アルカリ性

書いて身につく! おさらいワーク

1

次の文章は、原子がイオンになるときのようすについて説明したものです。㋐～㋒の[　　]内の、灰色の文字をなぞりましょう。

図1のように、原子の中心にある原子核は、＋の電気をもつ㋐［陽子］と電気をもたない中性子からできていて、原子核のまわりを－の電気をもつ㋑［電子］が回っている。陽子と電子は同じ数なので、原子全体としては電気を帯びていない状態だが、図2のように電子が外へ飛び出すと、－の電気が減るので、原子は＋の電気を帯びた㋒［陽イオン］になる。

図1

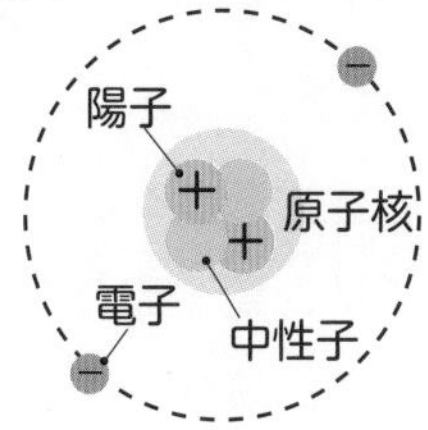

へリウム原子

図2

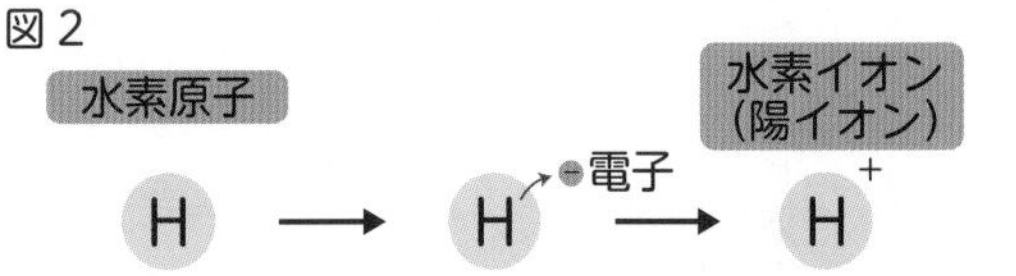

2

右の図は、アルカリと酸が水に溶けて電離している様子を表したものです。㋐、㋑の[　　]に、イオンの化学式（H^+またはOH^-）を書きましょう。

アルカリ ⟶ 陽イオン ＋ ㋐［　　　　］

酸 ⟶ ㋑［　　　　］ ＋ 陰イオン

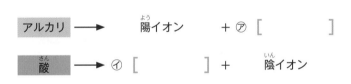

3

下の文は、身近な液体について説明したものです。文中の㋐～㋓の[　　]にあてはまる言葉を書きましょう。

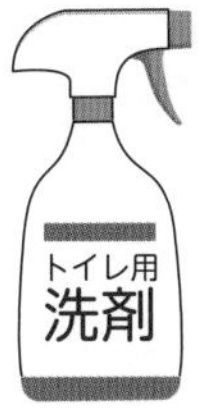

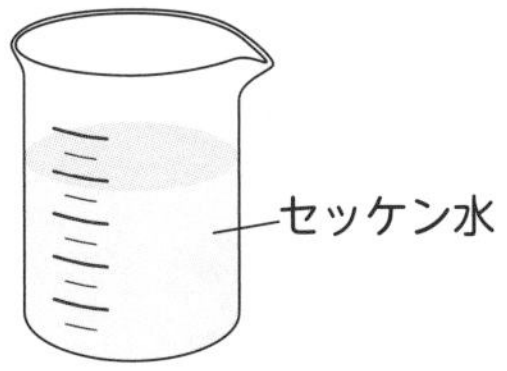

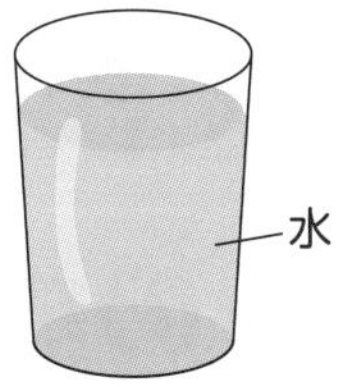

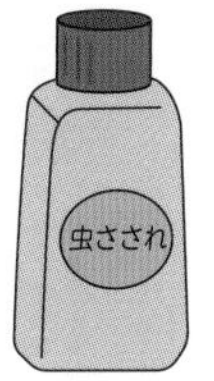

トイレ用洗剤は酸性なので、青色リトマス紙を㋐［　　　　］色に変える。

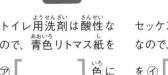

セッケン水はアルカリ性なので、赤色リトマス紙を㋑［　　　　］色に変える。

水は㋒［　　　　］性なので、BTB溶液は緑色を示す。

虫さされ用アンモニア水はアルカリ性なので、フェノールフタレイン溶液が㋓［　　　　］色になる。

まとめ

●酸とアルカリ

水溶液にしたとき、電離して**水素イオン**（H^+）を生じる物質を**酸**、**水酸化物イオン**（OH^-）を生じる物質を**アルカリ**という。

●指示薬

液の性質を調べるために、指示薬を用いる。リトマス紙は、中性では、青・赤どちらも変化しない。フェノールフタレイン溶液では、酸性と中性の区別はつかない。

● pH（ピーエイチ）

酸性やアルカリ性の強さは、**pH（ピーエイチ）**いう数値を使って表す。pH は 7 が中性で、値が小さいほど酸性が強く、値が大きいほどアルカリ性が強い。

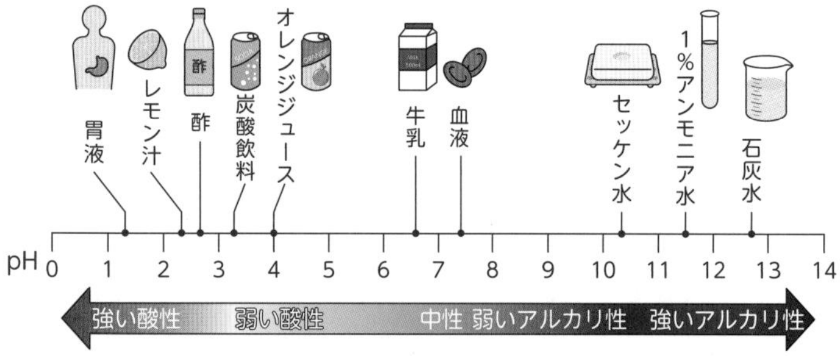

メモ

酸性・アルカリ性の語源

酸性は、ラテン語の acidus（酸っぱい）が語源である。また、アルカリ性は、アラビア語の al-qali（灰）から来た言葉で、灰を水にとかしてつくった液はアルカリ性を示す。

メモ

pH（ピーエイチ）

pH は、pH 試験紙や pH メーターで調べることができる。pH 試験紙は、水溶液につけて、色の変化を見本と比べる。pH メーターは、液体を pH メーターの先につけて、表示板の数値を読む。

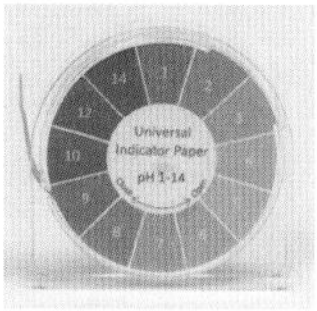

pH 試験紙

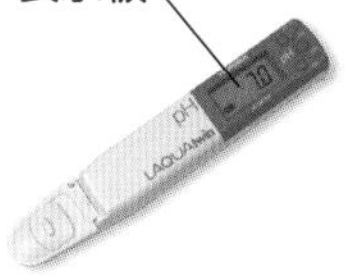

pH メーター

オススメの一冊

尾嶋好美『おうちで楽しむ科学実験図鑑』
（SB クリエイティブ、2021）

Q なぜ重曹で汚れが落ちるの？

A 汚れの成分が、アルカリの性質をもつ重曹の水溶液によって加水分解されてセッケンの成分ができるから。

★物質が水と反応することによって起こる分解反応のことを、「加水分解」というんだよ。

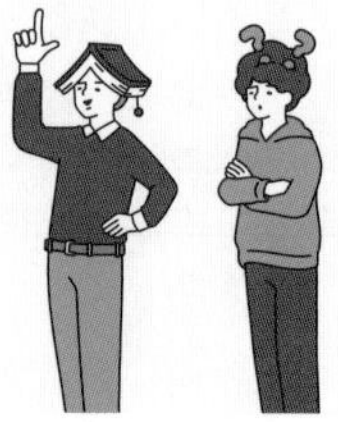

おさらいワークの答え：[2] ㋐ OH^- ㋑ H^+ [3] ㋐赤 ㋑青 ㋒中 ㋓赤

暮らしのサイエンス

Q # ほこりはなぜ
たまっていくの?

きちんと掃除をしたのに・・・

こんな場所にもほこりが・・・!!
どうして～～～?

oh NO!

ほこりって、いくら掃除(そうじ)しても、いつのまにかたまっちゃうな。

どうして、こんなにたまっていくんだろう?

ページをめくる前に考えよう

ヒントQUIZ

ここは ISS (国際宇宙(こくさいうちゅう)ステーション) の中(なか)。
このような宇宙空間(うちゅうくうかん)で、手(て)に持(も)っている
ボールをはなすとどうなる?

※答えは次のページ

Ⓐ	Ⓑ	Ⓒ
上(うえ)へ浮(う)いていく。	下(した)へ落(お)ちる。	ふわふわと浮(う)く。

A 目に見えない力がほこりにはたらいているから。

ほこりにはたらいている目に見えない力って、どんな力？

地球上に存在する、すべての物体にはたらいている力だよ。

教科書を 見てみよう！

「力のはたらき」

おもに中学1年理科を参考に作成

重力
地球の中心

● **ものが落ちる理由**
すべての物体は、地球の中心に向かって引かれていて、この力を重力という。ものが落ちるのは、重力があるからである。

● **重力の単位**
100gの物体にはたらく重力の大きさを1N（1ニュートン）という。重力（重さ）は場所によって変わり、月では地球の $\frac{1}{6}$ になる。

● **質量の単位**
質量は、場所が変わっても変化しない物体そのものの量で、単位はg、kgなどがある。

月では重力が $\frac{1}{6}$ になるんだね。
300g
0.5N
重力は、ばねばかりではかった値。

300g 300g
0.5N 0.5N
300g
3N
質量は、上皿てんびんではかった値。（月でも300gの分銅ととり合う。）

つまり、こういうこと

ほこりは、空気中の細かいちりやくずなどでできている。これらには目に見えない重力がはたらいていて、ゆっくりと下に落ちていく。

ほこりに加わる重力はわずかだが、そのほこりの1つ1つが、地球の中心に向かって引っ張られている。

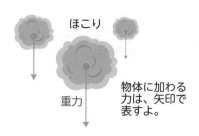
ほこり
重力
物体に加わる力は、矢印で表すよ。

ヒントQUIZの答え：©ふわふわと浮く。

書いて身につく! おさらいワーク

1 物体にはたらく力には、重力だけでなく、摩擦力、磁石の力、電気の力など、いろいろなものがあります。㋐〜㋒の力について説明した文章として正しいものを㋓〜㋕から選び、線でつなぎましょう。

㋐ 磁石の力 ●

㋑ 摩擦力 ●

㋒ 重力 ●

● ㋓ ふれ合った物体がこすれるときに、動きをさまたげる力。つるつるした面より、ざらざらした面のほうが、この力は大きい。

● ㋔ 地球が物体を下向きに引く力。地球上のすべての物体には、つねに地球の中心に向かって、この力がはたらいている。

● ㋕ 磁石のN極とS極は引き合うが、N極とN極、S極とS極はしりぞけ合う。磁石がもつ、このような力。

2 物体にはたらく力を矢印で表すとき、矢印の長さが力の大きさ、矢印の向きが力の向きになります。マス目の1目盛りを1Nとすると、物体に2Nの重力がはたらいているときは、図1で示した矢印のように表すことができます。物体にはたらく重力が3Nのときの力の矢印を、図2にかきこみましょう。

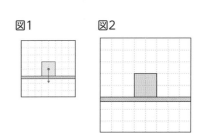

図1　図2

3 次の図は、質量600gの物体を、ばねばかりと上皿てんびんではかったときのようすを表したものです。[　]内の、灰色の文字をなぞりましょう。

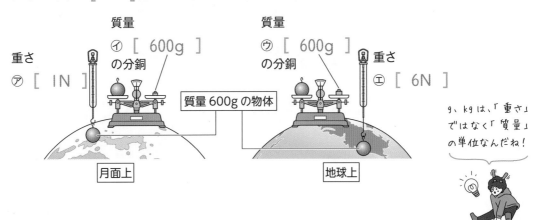

重さ
㋐ [1N]

質量
㋑ [600g]
の分銅

質量
㋒ [600g]
の分銅

重さ
㋓ [6N]

質量600gの物体

月面上　　地球上

g、kgは、「重さ」ではなく「質量」の単位なんだね!

まとめ

●力

力には、重力、摩擦力、磁石の力、電気の力、弾性の力、垂直抗力など、さまざまなものがある。

●重力（重さ）

地球上でも月面上でも、その中心に向かって引っ張る力がはたらいている。この力を**重力**という。重力の大きさはばねばかりではかり、N（ニュートン）という単位で表す。

●質量

場所が変わっても変化しない物体そのものの量を**質量**という。上皿てんびんではかり、g や kg という単位で表す。

●力の表し方

力の矢印では、作用点は**力がはたらく点**を、矢印の向きは**力の向き**を、矢印の長さは**力の大きさ**を表している。

「書いて身につく！おさらいワーク」の[2]の答え

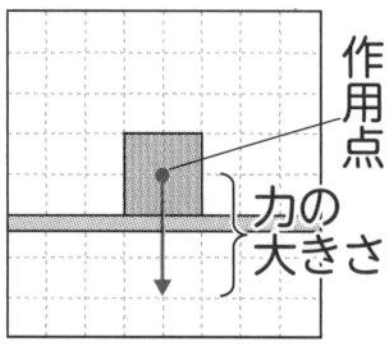

メモ

弾性の力（弾性力）

ゴムやばねは、伸ばすともとに戻ろうとする。このような力を**弾性の力（弾性力）**という。

メモ

垂直抗力

机などの面に物体を置いたとき、面は物体に押されるが、その力に逆らって、面は物体を押し返している。このような力を**垂直抗力**という。

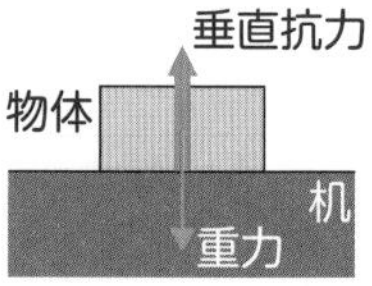

メモ

ニュートン

イギリスの科学者。重力や力、運動などについて研究した。力の単位（N）は、ニュートンの名前からつけられた。

オススメの一冊

チョ・ジンホ『マンガで学ぶ 重力 グラヴィティ・エクスプレス』サイエンスコミックシリーズ（マイナビ出版、2020）

[Q] ほこりはなぜたまっていくの？

[A] 地球上の物体は、地球の中心に向かって重力を受けていて、ほこりも、重力によりゆっくりと落ちていくから。

★ほこりは、衣類や布団などから少しずつ出た、繊維のくずなどなんだね。
とても軽くて小さいけど、重力を受けるのは、ほかの物体と同じだよ。

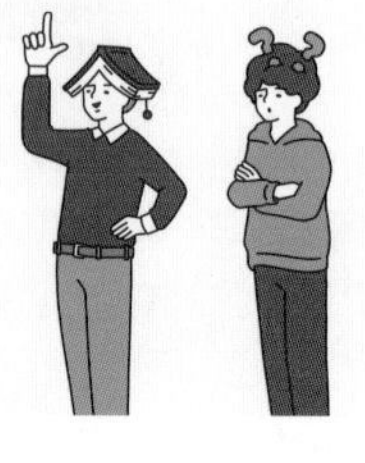

おさらいワークの答え：[1]㋐と㋕、㋑と㋓、㋒と㋔を線で結ぶ。 [2]このページのまとめ内に記載。

暮らしのサイエンス

Q 冬、服をぬぐときの静電気を
避けるにはどうすればいい?

冬に服をぬごうとすると、パチパチと静電気が起こることがあるよね。
どうしたら防げるのだろう?

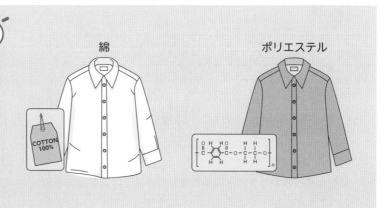

ページをめくる前に考えよう
ヒントQUIZ

服は、綿やポリエステル、絹やアクリルなど、さまざまな素材からつくられています。では、石油から作られているのは綿? ポリエステル?

綿

ポリエステル

※答えは次のページ

| A | 静電気を起こしにくい服の組み合わせにする。 |

服って、静電気を起こしにくいものと起こしやすいものがあるの？

素材そのものより、素材をどう組み合わせるかによるんだよ。

教科書を 見 てみよう！

理科

「静電気」

おもに中学2年理科を参考に作成

● **静電気（摩擦電気）**
物体をこすり合わせたとき、それぞれの物体が電気を帯びる。この電気を静電気（摩擦電気）という。

● **静電気が生じるしくみ**
静電気は、物体を摩擦したとき、－の電気を帯びた粒子（電子）が、一方の物体に移動することで生じる。

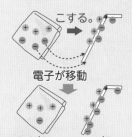

こする。

電子が移動

＋に帯電する。　－に帯電する。

● **帯電と放電**
物体が電気を帯びることを帯電、たまっていた電気が流れ出たり、空間を移動したりすることを放電という。

ティッシュペーパーでストローをこすると、ティッシュペーパーからストローに電子が移動するため、ティッシュペーパーは＋に、ストローは－に帯電する。

つまり、こういうこと

同じ種類の電気（＋と＋、－と－）を帯びやすい服を組み合わせれば、静電気は発生しにくくなる。

服をぬぐときのパチパチは、帯電した服同士の間で放電が起こって生じるもの。

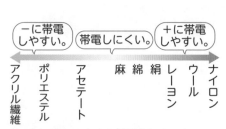

－に帯電しやすい。　帯電しにくい。　＋に帯電しやすい。

アクリル繊維　ポリエステル　アセテート　麻　綿　絹　レーヨン　ウール　ナイロン

ウールとポリエステルの組み合わせでは帯電しやすいが、アクリル繊維とポリエステルの組み合わせでは帯電しにくい。

ヒントQUIZの答え：ポリエステル

書いて身につく! おさらいワーク

※答えは次のページ

1 図1のように、ポリエチレンでできたストローA、Bをティッシュペーパーでこすり、図2のように、ストローAを自由に動くことができるようにしてストローBを近づけました。下の文の㋐、㋑にあてはまる言葉をそれぞれ選んで○で囲みましょう。ただし、電気には、右のような性質があります。

異なる種類の電気（＋と－）の間には引き合う力がはたらく。

＋と＋、または－と－のように、同じ種類の電気の間にはしりぞけ合う力がはたらく。

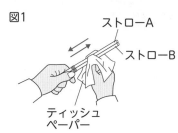

図1　ストローA　ストローB　ティッシュペーパー

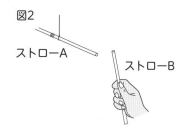

図2　ストローA　ストローB

ストローAとストローBは、㋐[＋の電気・－の電気]がティッシュペーパーから移動することによって帯電しており、ストローBを近づけると、ストローAとストローBは
㋑[引き合う・しりぞけ合う]。

2 次の図は、摩擦による静電気の帯びやすさをまとめたものです。下の㋐～㋒の素材の組み合わせで、静電気が起きにくいものには○を、起きやすいものには×を[　　]に書きましょう。

← － マイナスになりやすい　　　　　　　　　プラスになりやすい ＋ →

ポリ塩化ビニル／セロハン／ポリエチレン／アクリル繊維／ポリエステル／ポリスチレン／ゴム／エボナイト／紙／人の皮膚／木材／綿／絹／アクリル板／ナイロン／羊毛／ガラス／毛皮

㋐ [　　] ポリエステルのマフラーと羊毛のセーター

㋑ [　　] アクリル繊維のマフラーとナイロンのシャツ

㋒ [　　] アクリル繊維のセーターとポリエステルのシャツ

まとめ

●静電気（摩擦電気）

物体をこすり合わせたとき、それぞれの物体が電気を帯びる。この電気を**静電気**（摩擦電気）という。

●放電

たまっていた電気が流れ出たり、空間を移動したりすることを**放電**という。

→こすった下敷きに小型蛍光灯をくっつけると、一瞬だけ点灯する。これは、下敷きにたまっていた電子が蛍光灯の中を流れたからである。

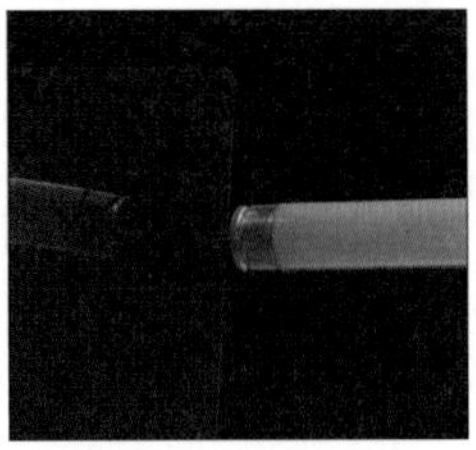

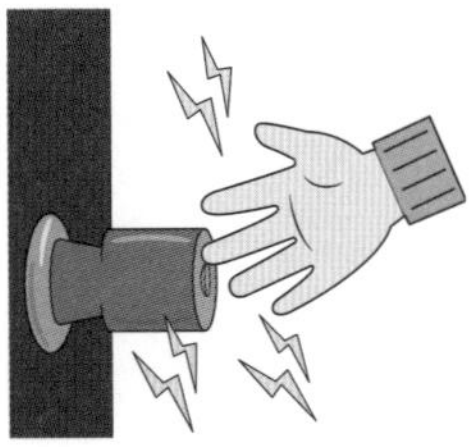

●身近な静電気の例

空気が乾燥した日に金属でできたドアノブにさわると手がピリッとする、髪の毛をポリ塩化ビニルなどの下敷きでこすると髪の毛が下敷きに引きつけられる、などは静電気で起こる現象の例である。

メモ

雷

雷は、自然の中で起こる放電現象である。雲の中で氷の粒がぶつかり合って静電気が発生し、たまった電気が地表に向かって一気に流れることで雷が起こる。

メモ

静電気が冬に起こりやすい理由

空気が湿っていると、静電気は空気中に逃げていきやすいが、乾燥していると空気中に出ていきにくくなり、体や服に静電気がたまりやすくなることが、冬に静電気が多く起こる理由である。

オススメの一冊

米村でんじろう『米村でんじろうのDVDでわかるおもしろ実験！！』（講談社、2009）

Q 冬、服をぬぐときの静電気を避けるにはどうすればいい？

A 同じ種類の電気を帯電しやすい服を組み合わせれば、静電気は発生しにくくなる。

★静電気防止には、室内の湿度を上げる、静電気防止スプレーを使う、洗濯に柔軟剤を使う、などが効果的といわれているよ。

おさらいワークの答え：1 ㋐一の電気　㋑しりぞけ合うを○で囲む。　2 ㋐×　㋑×　㋒○

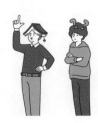

Q エアコンに室外機がついているのはなぜ？

どうして、室外機はベランダにあるの〜!?

あつ〜い…

洗濯物が、ほしにく〜い!!

エアコンといえば、必ず室外機がついているね。
これって、どんなはたらきをしているのだろう？

ページをめくる前に考えよう
ヒントQUIZ

ものは、あたためたり冷やしたりすると温度が変わります。あたためたり冷やしたりせずに、空気の温度を変えるにはどうする？

Ⓐ	Ⓑ	Ⓒ
扇風機を使って空気を循環させる。	膨張させたり圧縮させたりして体積を変える。	密閉した容器の中にずっと入れておく。

※答えは次のページ

A ⟩ 室外機が熱を交換しているから。

室外機は、どのようなしくみで熱を交換しているの？

気体が膨張・圧縮されたときの温度変化を利用しているんだ。

教科書を 👁 見 てみよう！

理科

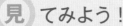
「空気の膨張と圧縮にともなう温度変化」

おもに中学2年理科を参考に作成

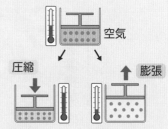
空気
圧縮 ⟶ ⟵ 膨張
温度が上がる。　温度が下がる。

● 膨張と圧縮にともなう温度変化

空気は気圧が下がると（膨張すると）温度が下がり、気圧が上がると（圧縮されると）温度が上がる。

雲
空気が上昇する。
空気

露点に達する。
→水蒸気が水滴になり雲ができる。

気圧が低下する。
→空気が膨張して温度が下がる。

● 雲のでき方

①上昇気流により空気のかたまりが上昇すると、気圧が低下して空気が膨張し、温度が下がる。

②空気の温度が露点※に達すると、水蒸気が水滴になって空気中に浮かぶ。これが雲である。

③雲の中で水滴が大きくなると、落下して雨になる。

※露点＝空気中の水蒸気が凝結し始める温度。

つまり、こういうこと

室外機は、パイプの中を循環する冷媒（気体）を膨張・圧縮させて温度を変え、室内と室外の熱を交換している。

冷房のときは、室内の熱を外に逃がし、暖房のときは、室外の熱を部屋の中にとり入れている。

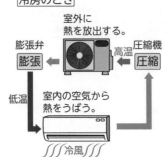
冷房のとき
室外に熱を放出する。
膨張弁 膨張 ← 室外機 ← 高温 圧縮機 圧縮
低温 室内の空気から熱をうばう。
冷風

暖房のときは、これとは逆の熱の出入りだね！

ヒントQUIZの答え：Ⓑ膨張させたり圧縮させたりして体積を変える。

※答えは次のページ

書いて身につく! おさらいワーク

1

右の図は、ピストンを押したり引いたりして、気圧を変えたときのようすを表しています。㋐～㋓の［　］にあてはまる言葉を、下の□から選んで書きましょう。

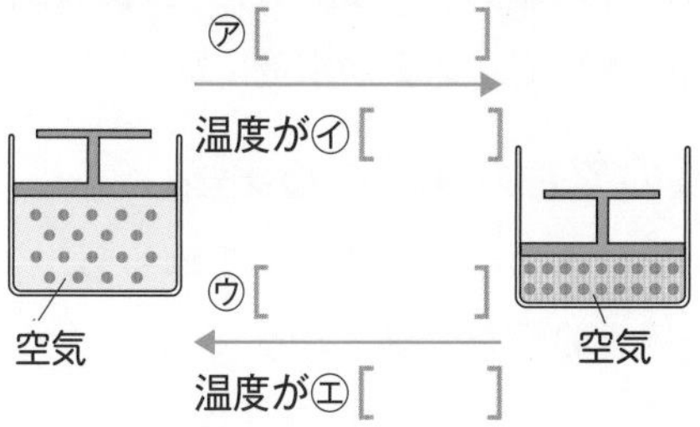

膨張	圧縮
上がる	下がる

2

右の図のように、簡易真空容器の中に、気圧計、少しふくらませたゴム風船、デジタル温度計を入れ、容器の中の空気を抜いていき、ようすを観察しました。このときの変化について述べた次の文章の㋐～㋒について、正しい言葉を○で囲みましょう。

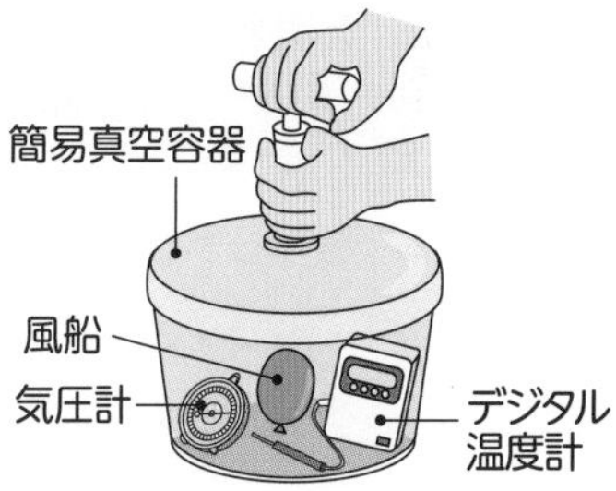

簡易真空容器の中の空気を抜いていくと、気圧計の値は㋐［ 大きく・小さく ］なり、ゴム風船は㋑［ ふくらむ・しぼむ ］。また、温度計が示す温度は㋒［ 高く・低く ］なる。

3

右の図は、暖房のときのエアコンのようすを簡単に表したものです。図の㋐～㋓に入る言葉を下の□から選び、A～Dの記号を［　］に書きましょう。

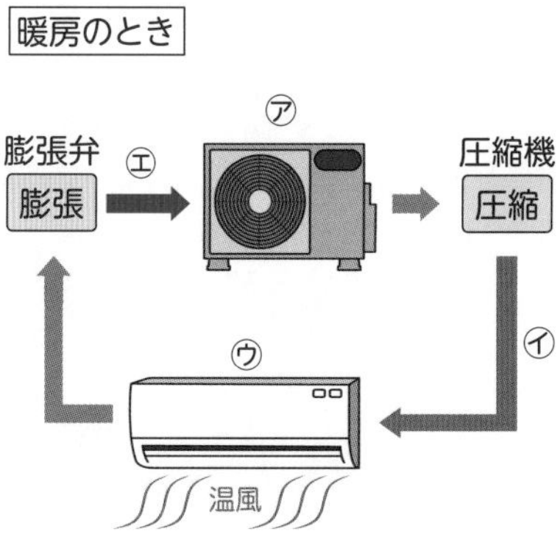

㋐［　　］　㋑［　　］

㋒［　　］　㋓［　　］

A　高温の冷媒

B　低温の冷媒

C　室内に熱を放出する。

D　室外の空気から熱をうばう。

まとめ

●空気の膨張と圧縮

空気は膨張すると温度が下がり、圧縮すると温度が上がる。
自然界において、上昇した空気が気圧の低下により膨張し、露点に達して水蒸気が水滴になって浮かんだものが雲である。

●雲のでき方を調べる実験

①フラスコ内をぬるま湯でぬらし、線香の煙を少量入れる。
②注射器のピストンをすばやく引いて、内部のようすを観察する。
→ピストンを引くと温度が下がり、白くくもる。このくもりは、自然界における雲と同じである。

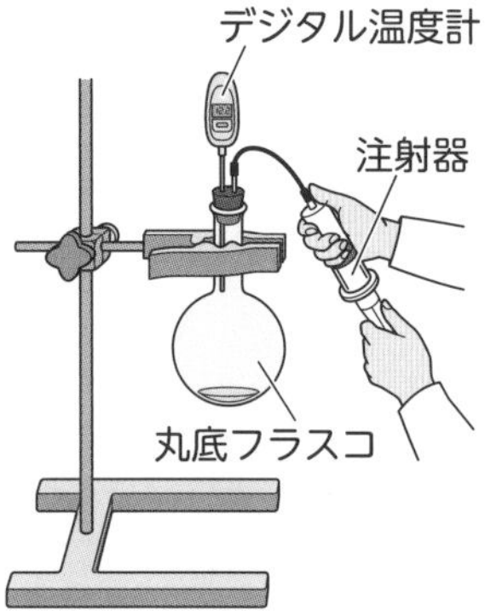

●上昇気流ができるときの例

①地表が強く熱せられたとき。
②空気が山腹に沿って上昇したとき。
③あたたかい空気が冷たい空気の上にはい上がったとき。

注意⚠

エアコンの冷媒
冷媒は、パイプの中を気体⇄液体と姿を変えながら移動し、気化熱（液体が気体になるときに吸収する熱）や凝縮熱（気体が液体になるときに放出する熱）を利用しながら熱のやり取りを行っている。

メモ

膨張・圧縮の例
スプレー缶を噴射したときに缶が冷たくなったり、自転車のタイヤに空気を入れると空気入れがあたたかくなったりするのは、気体の膨張、圧縮による温度変化の身近な例である。

オススメの一冊
荒木健太郎『世界でいちばん素敵な雲の教室』
世界でいちばん素敵な教室
（三才ブックス、2018）

Q エアコンに室外機がついているのはなぜ？

A **室外機を通して、パイプの中の冷媒で外の空気に熱を放出させたり、外の空気から熱をうばったりさせるため。**

★室内機は、冷房時は部屋の空気から熱をうばい、暖房時は部屋の空気に外気の熱を放出しているんだね！

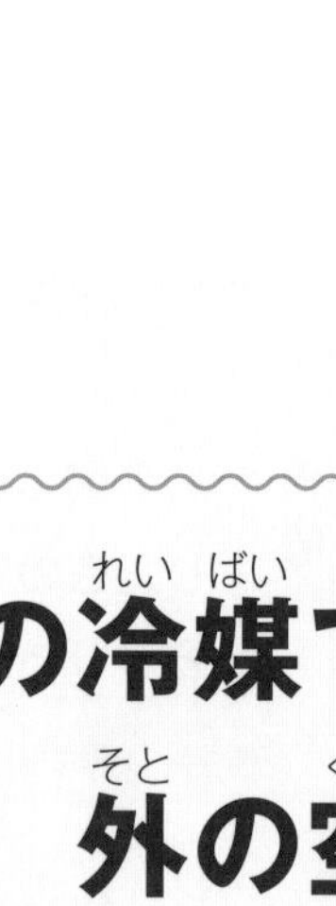

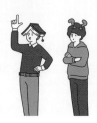

おさらいワークの答え：[1]㋐圧縮 ㋑上がる ㋒膨張 ㋓下がる
[2]㋐小さく ㋑ふくらむ ㋒低くを○で囲む。 [3]㋐D ㋑A ㋒C ㋓B

暮らしのサイエンス

Q どこにサーキュレーターを置けば エアコンの効果が高まるの？

部屋の空気って、場所によって温度のかたよりがあるっていうよね。

このサーキュレーターはどこに置いたらよいかな？

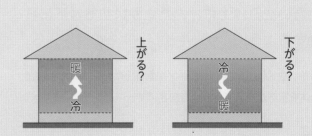

ページをめくる前に考えよう

ヒントQUIZ

冬の寒い日は、部屋でエアコンやストーブを使います。では、あたたかい空気は、部屋の中で、上がる？　下がる？

※答えは次のページ

空気の対流がよくなる向きに置く。

暖房のときと冷房のときでは、サーキュレーターの置き方がちがうの？

あたたかい空気と冷たい空気では、伝わり方が異なるんだよ。

教科書を 見 てみよう！

理科

「熱の伝わり方」

おもに中学3年理科を参考に作成

● 伝導（熱伝導）
物体の中を、温度の高いほうから低いほうへと熱が移動して伝わる現象を伝導という。

● 対流
あたためられた気体や液体が移動して、全体に熱が伝わる現象を対流という。
→あたたかい空気や水は軽い（密度が小さい）ので上へ移動し、冷たい空気や水は重い（密度が大きい）ので下へ移動する。　※密度＝一定体積あたりの質量

対流　エアコン　放射　伝導　電気ストーブ　床暖房

● 放射（熱放射）
太陽や電気ストーブのように、放出された熱が、赤外線などの光として伝わる現象を放射という。

つまり、こういうこと

冷たい空気は上に、あたたかい空気は下に移動するように、サーキュレーターの風を送る。

冷たい空気は下に、あたたかい空気は上にたまるので、部屋全体を空気が循環するような向きにサーキュレーターを置く。

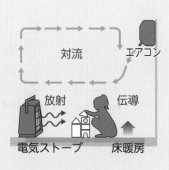
〈冷房時〉
エアコンに背を向けて風を送る。
エアコン

〈暖房時〉
天井に向けて風を送る。
エアコン

ヒント QUIZ の答え：上がる。

書いて身につく! おさらいワーク

1 右の図は、あたたまった空気の変化のようすを表したものです。また、次の文章は、右の図について説明したものです。㋐〜㋒の[　　]内の灰色の文字をなぞりましょう。

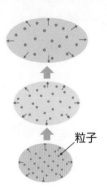

粒子

> 空気があたたまると、図のように空気が㋐[膨張]して粒子の間隔が大きくなり、密度が㋑[小さく]なる。
>
> つまり、㋒[軽く]なるので、空気は上がっていく。

2 熱の伝わり方には、伝導、対流、放射の3つがあります。㋐〜㋒の熱の伝わり方について説明した文として正しいものを㋤〜㋟から選び、線でつなぎましょう。

㋐ 伝導 ●　　　　　● ㋤ あたためられた気体や液体が移動して、全体に熱が伝わる現象。

㋑ 対流 ●　　　　　● ㋦ 放出された熱が、赤外線などになってまわりの物体に伝わる現象。

㋒ 放射 ●　　　　　● ㋟ 物体の中を、温度の高いほうから低いほうへと熱が移動して伝わる現象。

3 下の図は、どのような熱の伝わり方を表しているでしょう。伝導にはA、対流にはB、放射にはCを[　　]に書きましょう。なお、赤色の矢印は、熱の移動を表しています。

㋐ [　　　]　　　㋑ [　　　]　　　㋒ [　　　]

ぐるぐる回りながらあたたまるのが対流だね!

まとめ

●熱の伝わり方

熱の伝わり方には、伝導、対流、放射の3つがある。

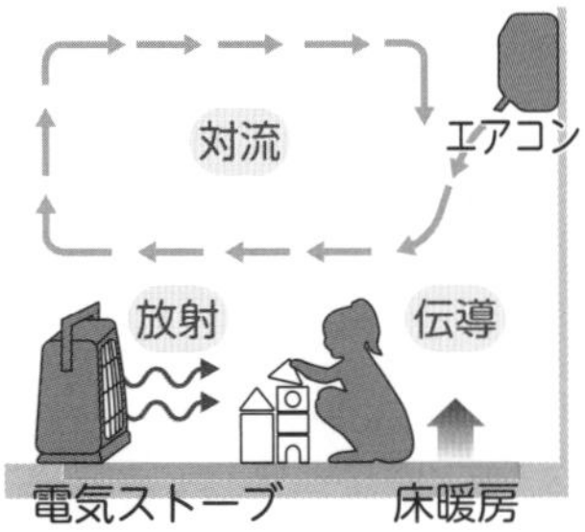

①床暖房の熱が伝わる（伝導）。
②エアコンから出た暖かい空気が移動して全体に熱が伝わる（対流）。
③電気ストーブから出た熱が空気の中を伝わる（放射）。

●空気や水の密度

空気や水の温度が高くなると、粒子（分子）の運動がさかんになり、粒子どうしの間隔が広がって体積が増える（＝膨張する）。
体積が増えても粒子の数は変わらないので、一定体積あたりの粒子の数が減り、その結果、密度は小さくなる（＝軽くなる）。

注意⚠

扇風機とサーキュレーターのちがい
扇風機は、風を人にあてて涼むために使うものだが、サーキュレーターは空気を循環させるために使うもので、目的はまったく異なる。

メモ

放射温度計
放射温度計は、物体の表面から放射される赤外線から温度を測定するしくみになっている。

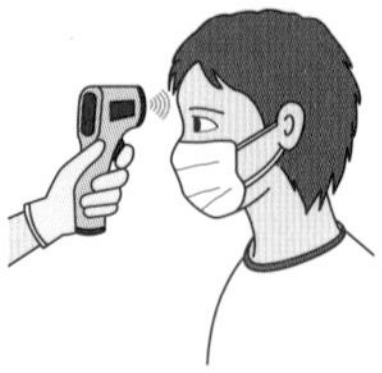

オススメの一冊

ゴムドリco. 洪鐘賢『学校勝ちぬき戦 実験対決10 熱の対決』
かがくるBOOK―実験対決シリーズ 明日は実験王（朝日新聞出版、2013）

Q どこにサーキュレーターを置けばエアコンの効果が高まるの？

A 冷房時は、エアコンを背にするように置いて風を送り、暖房時は、部屋の真ん中に置き真上に向けて風を送る。

★暖房時は、部屋の隅からエアコンに向けて対角線上にサーキュレーターを設置するのも効果的だよ！

おさらいワークの答え：[2]㋐と㋕、㋑と㋓、㋒と㋔を線で結ぶ。 [3]㋐C ㋑B ㋒A

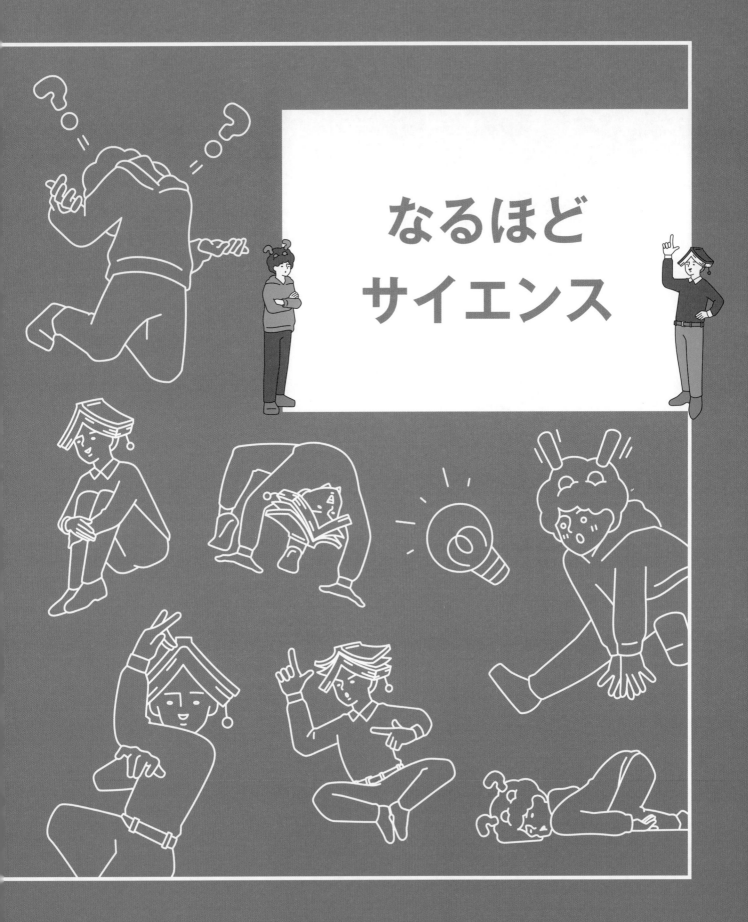

なるほど
サイエンス

なるほどサイエンス

Q　なぜ夜にネコの目が光るの？

夜道を歩いていたら、キラーンと光る2つの目！　びっくりしたなあ！
人の目は光ることはないのに、なぜだろう？

ページをめくる前に考えよう

ヒントQUIZ

虫めがねも鏡も、光に関係する道具だね。
では、進んできた光を反射させて使う道具
は虫めがね、鏡のどちら？

※答えは次のページ

Ⓐ虫めがね

Ⓑ鏡

59

| A | 目が鏡のようになっているから。 |

目が鏡のようになっていることで、ネコにとって何かいいことがあるの？

暗やみでも、えものの姿をとらえることができるしくみなんだよ。

教科書を 見 てみよう！

「動物の行動のしくみ」

おもに中学2年理科を参考に作成

● **目のつくり**

・ひとみ（瞳孔）…外からの光が入るところ。
・虹彩…ひとみの大きさを変えて、レンズに入る光の量を調節する。
・レンズ（水晶体）…厚みを変えて、網膜上にピントの合った像を結ぶ。
・網膜…像ができるところで、光の刺激を受けとる細胞が多数ある。
→ひとみから入った光がレンズを通り、網膜上にピントの合った像を結ぶ。

● **無意識に起こる反応**

暗いところでは、ひとみが広がり、目に入る光の量が増える。これは、無意識に起こる反応で反射という。

ひとみ

明るいところ　暗いところ

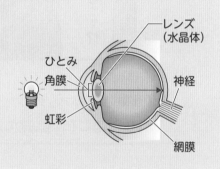

レンズ（水晶体）
ひとみ
角膜
虹彩
神経
網膜

つまり、こういうこと

ネコの目は、目に入った光を増幅するしくみをもっている。ネコの目の網膜の後ろにある、タペタムと呼ばれる反射板で光が反射する。

光が物体に当たってはね返る現象を、**光の反射**という。

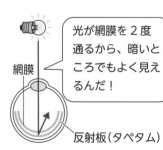

光が網膜を2度通るから、暗いところでもよく見えるんだ！

網膜

反射板（タペタム）

入射光　反射光

鏡

光の反射

ヒントQUIZの答え：Ⓑ鏡

※答えは次のページ

書いて身につく！ おさらいワーク

1

図1のように、光が鏡に当たると、入射角と反射角が等しくなるように反射します。図2のように光が進んだとき、鏡に当たって反射する光を、矢印に続けてかきましょう。

図1

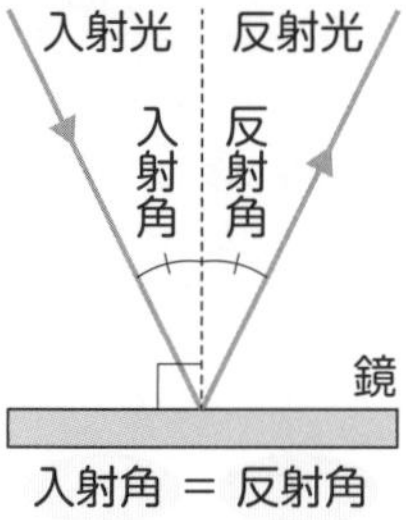
入射光
反射光
入射角
反射角
鏡
入射角 ＝ 反射角

図2

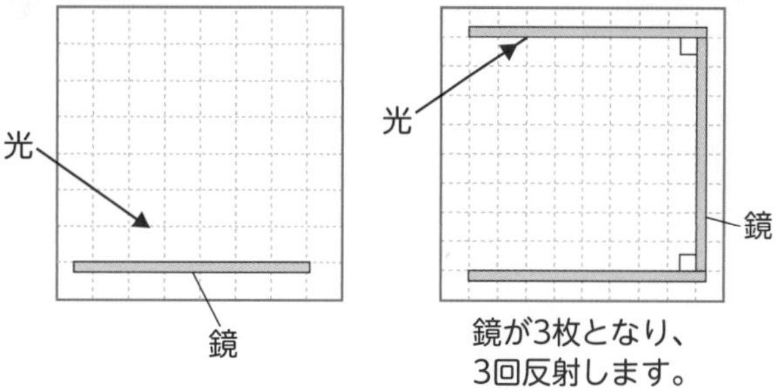
光
鏡
光
鏡
鏡が3枚となり、
3回反射します。

2

右の図は、ヒトの目のつくりを表したものです。㋐～㋒の［　　］内の灰色の文字をなぞりましょう。また、㋐～㋒について説明した文として正しいものを㋓～㋕から選び、線でつなぎましょう。

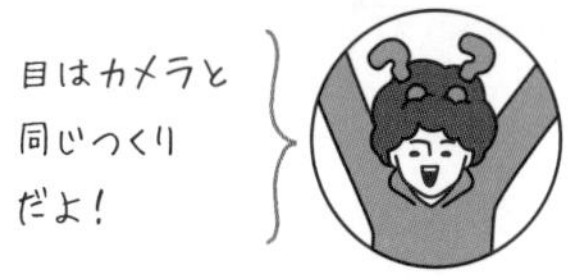
目はカメラと
同じつくり
だよ！

㋐［ ひとみ ］●　　● ㋓ 厚みを変えて、網膜上にピントの合った像を結ぶ。

㋑［ レンズ ］●　　● ㋔ 光の刺激を受けとる細胞があるところ。

㋒［ 網膜 ］●　　● ㋕ 外からの光が目の中に入るところ。

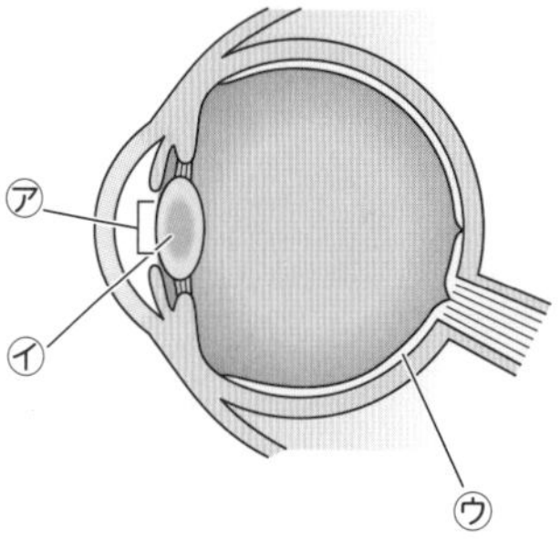
㋐
㋑
㋒

3

暗いところでひとみが広がるように、無意識に起こる反応を反射といいます。反射の例として正しいものには○、まちがっているものには×を［　　］に書きましょう。

㋐［　　］	㋑［　　］	㋒［　　］
食べ物を口に入れると、だ液が出てきた。	後ろから名前を呼ばれたので、ふり返った。	うっかり熱いものに手がふれて、思わず手を引っこめた。

他教科リンク
数学
51ページ
視力検査で、「視力1.0」の次が「視力1.1」でないのはなぜ？

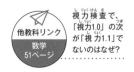

まとめ

● 光の性質

光は、入射角と反射角が等しくなるように**反射**する。「書いて身につく！おさらいワーク」の[1]の答えは、次の通り。

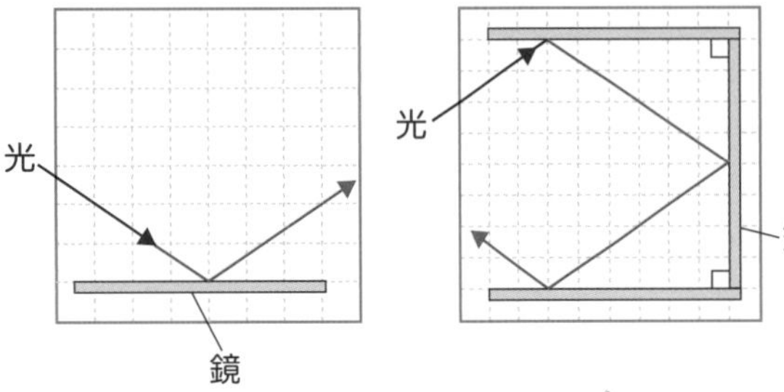

● 反射が起こるときの信号の経路

「熱いものに手がふれたので、思わず手を引っ込めた」という**反射**では、体の反応に**脳**は関与せず、背骨の中にある**せきずい**という神経が判断して、筋肉を動かすように命令を出す。

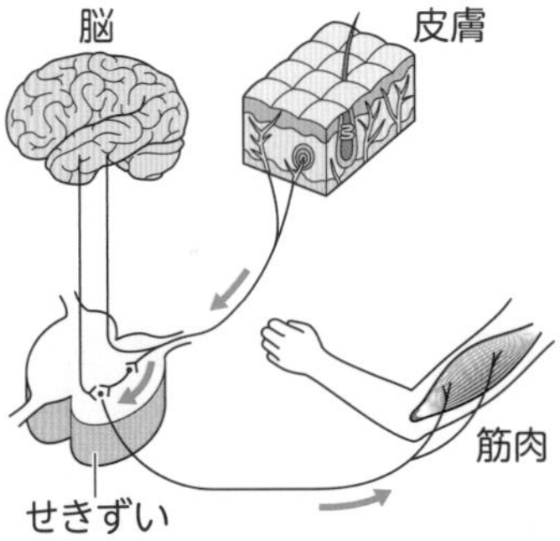

信号の経路(⟶)

注意 ⚠

ひとみの反射
ひとみの大きさが変わるときは、せきずいではなく、中脳と呼ばれる脳が命令を出している。

メモ

反射
光が物体に当たってはね返る現象も、動物の無意識に起こる反応も反射という。

メモ

膝蓋腱反射
ひざの皿の下をたたくと、あしが勝手にはね上がる。これは、力が加わった腱が筋肉を縮めようとする反射の反応で、脚気という病気の診断に利用されている。

オススメの一冊

原田知幸『1日1ページで小学生から頭がよくなる！ 人体のふしぎ366』（きずな出版、2021）

Q なぜ夜にネコの目が光るの？

A ネコは、目の網膜の後ろにある反射板で光を反射するので、暗がりでは目が光って見える。

★ネコの目にあるタペタムは、暗やみの中のわずかな光でもはね返すことができるよ。

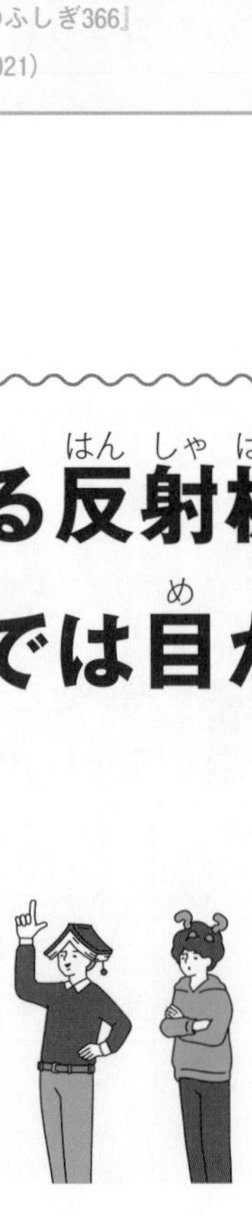

おさらいワークの答え：[1]このページのまとめ内に記載。 [2]㋐と㋕、㋑と㋓、㋒と㋔を線で結ぶ。
[3]㋐○ ㋑× ㋒○

Q コウモリは、なぜ暗い洞窟の中を飛べるの?

コウモリは、暗いところでも、飛びながら小さな虫をとらえることができるんだって。いったい、どんな能力なのかな?

ページをめくる前に考えよう
ヒントQUIZ

トンネルや洞窟など、まわりが囲まれたところで手をたたくとどうなる?

※答えは次のページ

Ⓐ	Ⓑ	Ⓒ
たたいた音が響いて聞こえる。	何も聞こえない。	たたいた音が小さく聞こえる。

A 車の自動運転と同じしくみを利用しているから。

 暗やみに障害物があるか、なぜわかるんだろう？

 コウモリは、超音波を利用しているんだよ。

教科書を 見 てみよう！

理科

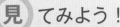
「音の性質」

おもに中学1年理科を参考に作成

●音の反射
音は、光と同じように、ものに当たると反射する。

反射

●振動数
音源（音を出すもの）が振動すると、空気が振動して音が伝わる。1秒間に振動する回数を振動数という。
振動数はHz（ヘルツ）という単位で表す。（例：1秒間に500回振動する音は500Hz。）
→下の図で表された音の振動数は、1〔回〕÷0.004〔秒〕＝250〔Hz〕

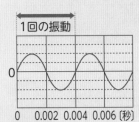
1回の振動

0

0　0.002　0.004　0.006〔秒〕

●超音波
ヒトが聞くことのできる音の振動数は、約20〜20000Hzである。
→振動数が多いほど、音は高い。
→ヒトには聞こえない、約20000Hz以上の高い音を超音波という。

つまり、こういうこと

コウモリは、20000〜100000Hz（20〜100kHz）の超音波を出して、反射して返ってくるまでの時間で距離や方向を確かめている。

→自動運転車の超音波センサーも、この原理を利用している。

反射する超音波で、物体やえものなどの位置をとらえている。

超音波で、周囲の障害物を検知する。

  ヒントQUIZの答え：Ⓐたたいた音が響いて聞こえる。

書いて身につく! おさらいワーク

1

次のうち、音が伝わる場合には○、音が伝わらない場合には×を[　　]に書きましょう。

㋐ [　　] 空気　㋑ [　　] 水　㋒ [　　] 真空　㋓ [　　] 鉄

2

振動数が多いほど音の高さは高くなり、振幅（振れ幅）が大きいほど音の大きさは大きくなります。右の音と比べると、㋐～㋓の音は、どのように聞こえるでしょう。右の[　　]から選んで、A～Dの記号を[　　]に書きましょう。

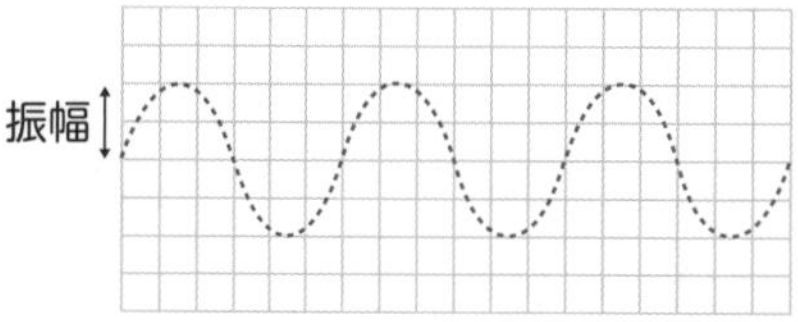
振幅

A　高い	B　低い
C　大きい	D　小さい

㋐ [　　]

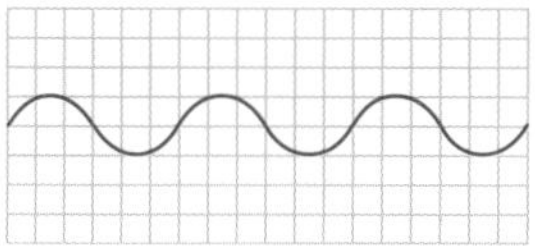

㋑ [　　]

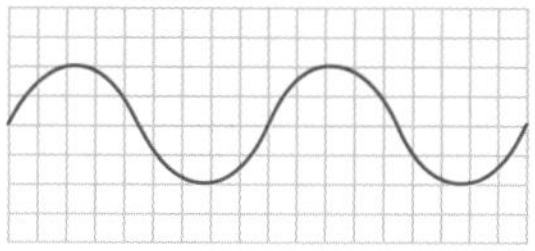

㋒ [　　]

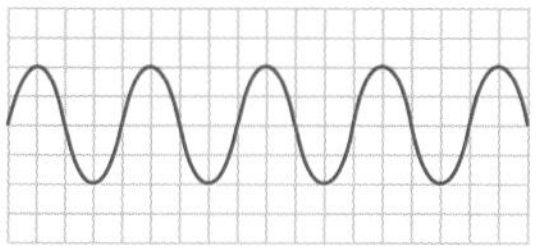

㋓ [　　]

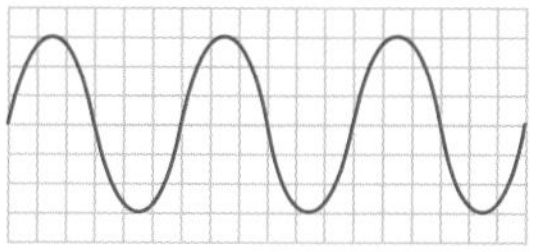

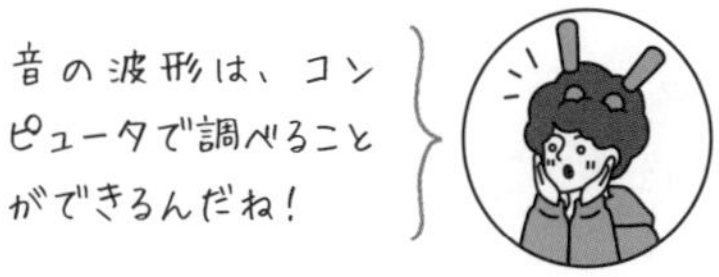
音の波形は、コンピュータで調べることができるんだね！

3

音が伝わる距離について、次の問いに答えましょう。

(1) 花火がひらいてから2秒後に、花火の破裂音が聞こえました。観測した場所は、花火がひらいたところから何m離れていたでしょう。ただし、音は空気中を毎秒340mの速さで進むものとします。　[　　　]m

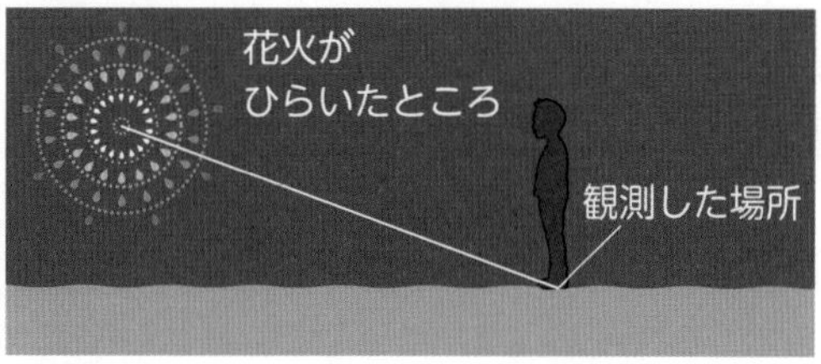
花火が
ひらいたところ
観測した場所

(2) 船底から超音波を海底に向けて発射すると、海底に当たって反射した超音波を0.8秒後に受信しました。海の深さは何mでしょう。ただし、超音波は、海中を毎秒1500mの速さで進むものとします。　[　　　]m

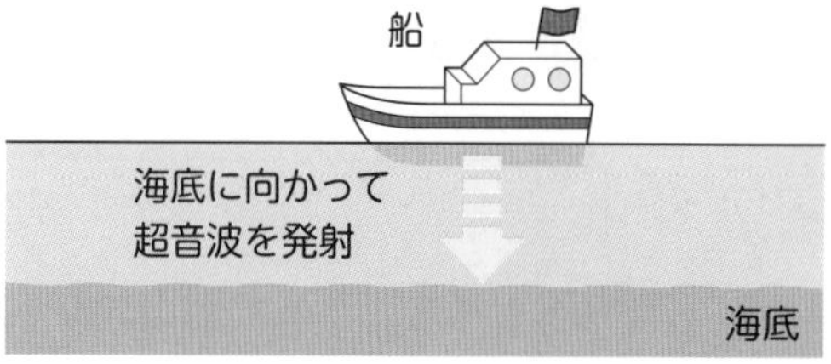
船
海底に向かって
超音波を発射
海底

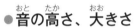

まとめ

●音の速さ

音源から出された音は、その振動が伝わることで聞こえる。固体や液体の中でも伝わるが、伝わる速さは異なる。

→気温が約15℃のとき、音は１秒間に、空気中では約340m、水中では約1500m、鉄の中では約5000m の速さで伝わる。

●音の反射

音は、ものに当たると**反射**する。山びこは、山に音が当たって起こる現象である。

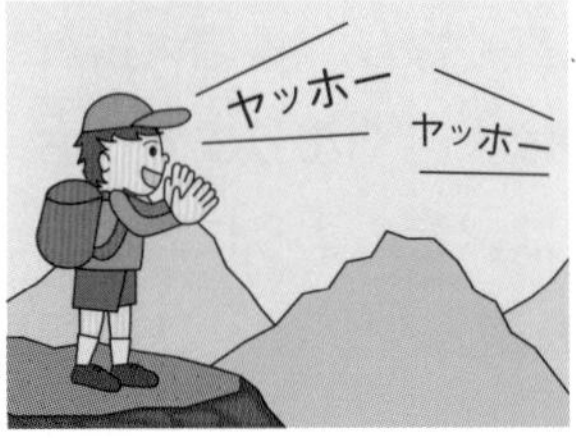

ヤッホー
ヤッホー

●音の高さ、大きさ

１秒間に振動する回数（**振動数**）が多いほど音は高く、振れ幅（振幅）が大きいほど音は大きい。

音の波形

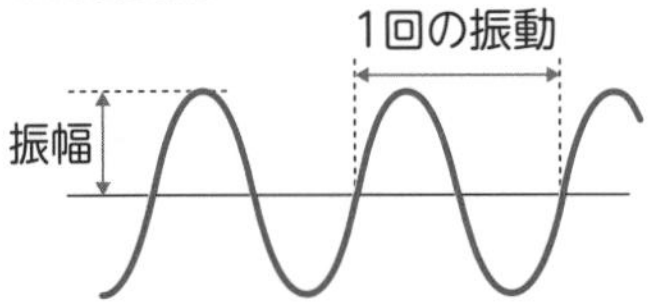

1回の振動
振幅

●超音波

ヒトには聞こえない、振動数が約20000Hz 以上の高い音を**超音波**という。

注意 ⚠

自動運転車のシステム

自動運転車では、超音波だけでなく、カメラやレーダーなどのセンサーも利用している。

メモ

魚群探知機

船底から超音波を海中に出し、超音波の反射によって、水中の魚群の存在や量、種類などを分析することができる。

オススメの一冊

藤子・F・不二雄：まんが　藤子プロ、北原和夫、鈴木康平：監修　小学館ドラえもんルーム：編集『ドラえもん科学ワールド　光と音の不思議』ビッグ・コロタン（小学館、2012）

Q　コウモリは、なぜ暗い洞窟の中を飛べるの？

A　ヒトには聞こえない超音波を出し、対象物までの距離や方向を確かめているから。

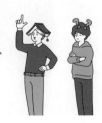

★超音波がレーダーのようなはたらきをして、大きさがわずか数ミリの小さな虫もつかまえることができるそうだよ。

おさらいワークの答え：[1]㋐○　㋑○　㋒×　㋓○　[2]㋐D　㋑B　㋒A　㋓C
[3](1)680（340×２）　(2)600（1500×0.8÷２）

なるほどサイエンス

Q いろいろな色の花火があるのはなぜ?

あっちの花火は黄色、こっちの花火は緑色…。なぜ花火は、いろんな色を出すことができるのだろう?

ページをめくる前に考えよう
ヒントQUIZ

紙や木やプラスチック、気体のプロパンなどを燃やすと、必ずあるものが現れます。これらのものが燃えると何が現れるでしょう?

※答えは次のページ

A 花火の火薬には、いろいろな金属がふくまれているから。

金属が燃えるときって、どんな色が出るのかな？

金属は、それぞれ燃えるときに決まった色を出すんだよ！

教科書を 見 てみよう！

理科

「金属の燃焼」

おもに中学2年理科を参考に作成

● 酸化

物質が酸素と結びつく化学変化を酸化といい、光や熱を出しながら酸素と結びつく激しい反応を燃焼という。

例：炭素 ＋ 酸素 —→ 二酸化炭素、水素 ＋ 酸素 —→ 水

物質
＋　　酸化　　酸化物
酸素

● 金属の燃焼

例：マグネシウム ＋ 酸素 —→ 酸化マグネシウム
　　鉄 ＋ 酸素 —→ 酸化鉄

酸化マグネシウムや酸化鉄は、もとの金属とは別の物質である。
金属光沢（輝き）はなくなり、うすい塩酸を加えても、もとの金属のように水素が発生することはない。

マグネシウムリボン　スチールウール

つまり、こういうこと

金属には、燃やすと特有の色を出すものがある。
花火の火薬には、いろいろな金属がふくまれていて、さまざまな色が出せるように工夫されている。

燃やしたときに金属が特有の色を出す反応を炎色反応という。

炎色反応

ナトリウム　カリウム　カルシウム　バリウム　銅
黄　　紫　　オレンジ　　黄緑　　青緑

※答えは次のページ

書いて身につく! おさらいワーク

1

次の図は、炭素と水素を燃やしたときのようすを表したものです。㋐～㋓の[　　]にあてはまる語句を、右の[　　]のA～Cから選んで、記号で書きましょう。同じ語句を2度使っても構いません。

A　水
B　酸素
C　二酸化炭素

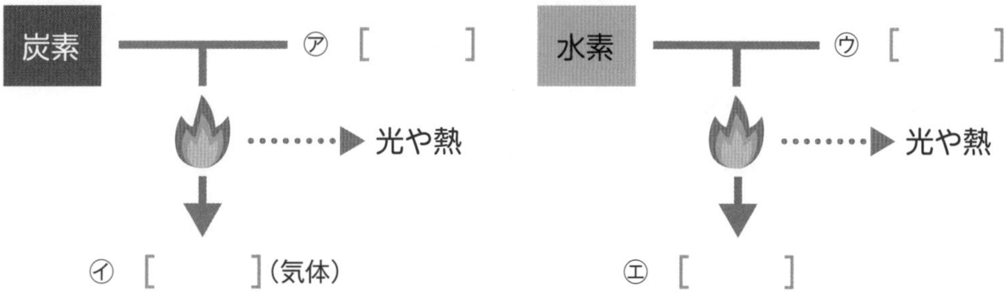

炭素
㋐ [　　]
光や熱
㋑ [　　](気体)
水素
㋒ [　　]
光や熱
㋓ [　　]

2

鉄（スチールウール）が燃えると、酸化鉄になります。右の図で、鉄にあてはまるものにはA、酸化鉄にあてはまるものにはBを、㋐、㋑の[　　]に書きましょう。

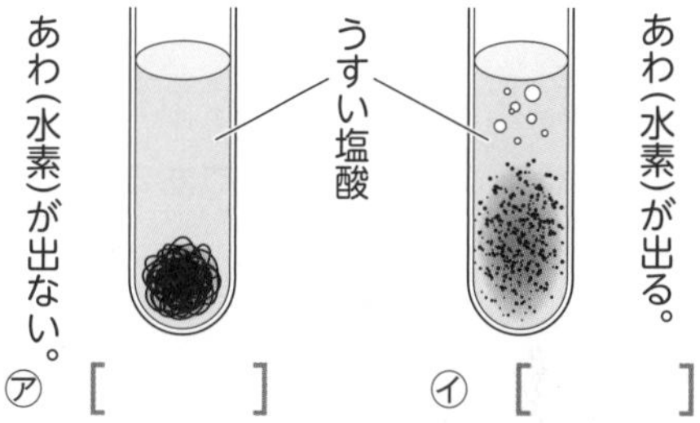

あわ(水素)が出ない。
うすい塩酸
あわ(水素)が出る。
㋐ [　　]
㋑ [　　]

3

下の[　　]は、金属が燃えたときの炎色反応の色をまとめたものです。右の㋐～㋒の[　　]にあてはまる金属の名前を書きましょう。

ナトリウム(黄)
カリウム(紫)
カルシウム(オレンジ)
バリウム(黄緑)　銅(青緑)

㋐紫色 [　　]　㋑オレンジ色 [　　]　㋒青緑色 [　　]

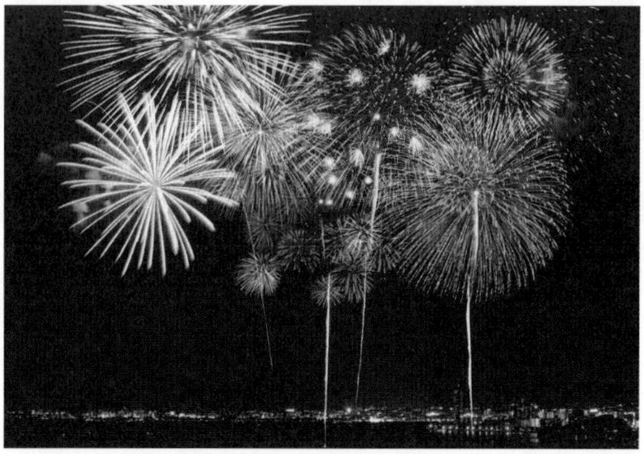

まとめ

● 酸化と燃焼

物質が酸素と結びつく化学変化を酸化といい、酸化によってできた物質を酸化物という。また、光や熱を出しながら、酸素と結びつく激しい反応を燃焼という。

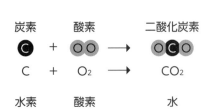

炭素		酸素		二酸化炭素
C	+	O_2	→	CO_2

水素		酸素		水
$2H_2$	+	O_2	→	$2H_2O$

> 物質をつくっている最小の粒子を原子といい、炭素はC、酸素はO、水素はHで表す。
> 水素、酸素、二酸化炭素は、原子が結びついた分子の状態で存在する。

● 金属の燃焼

マグネシウム、鉄が燃えると、酸素と結びついてそれぞれ酸化マグネシウム、酸化鉄ができる。
反応後の酸化マグネシウムや酸化鉄は、金属ではなく、もとの金属とは性質の異なる物質である。

メモ □

さび
鉄くぎを空気中に長い間置いておくと、表面がさびてくる。これは、鉄が空気中の酸素と結びつく、おだやかに進んでいく酸化である。

メモ □

還元
酸化物から酸素を奪う化学変化を還元という。酸化銅と炭素の粉末を加熱すると、炭素が酸化銅の酸素を奪い、二酸化炭素になり、酸化銅は銅になる。還元が起こるとき、酸化も同時に起こる。

酸化銅＋炭素→銅＋二酸化炭素

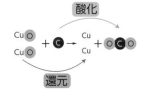

オススメの一冊

マイケル・ファラデー：著　尾島好美：編訳
白川秀樹：監修『「ロウソクの科学」が教えてくれること』サイエンス・アイ新書
(SB クリエイティブ、2018)

Q　いろいろな色の花火があるのはなぜ？

A　**花火は、炎色反応を起こすいろいろな金属を火薬の中に入れて、さまざまな色を出す工夫がなされているから。**

★みそ汁を火であたためていて吹きこぼしてしまうと、ナトリウムの炎色反応によってガスの炎が黄色になるんだよ。

なるほどサイエンス

Q スマホ充電器の四角の部分…
これって何?

スマートフォンやパソコンの充電コードについている四角いもの。
いったいこれは、どんなはたらきをしているのだろう?

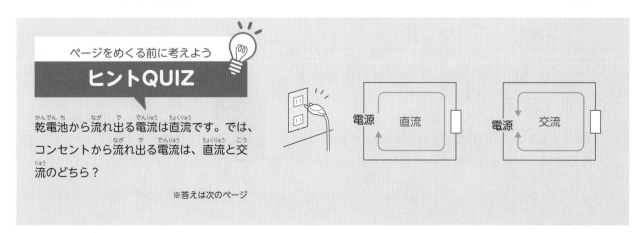

ページをめくる前に考えよう
ヒントQUIZ

乾電池から流れ出る電流は直流です。では、
コンセントから流れ出る電流は、直流と交
流のどちら?

※答えは次のページ

A ＡＣ アダプターとよばれる
電子機器のこと。

 コンセントから流れてくる電気を、そのまま使えばいいのに…。

通信機器、電子機器などの家電製品は、そのままじゃ使えないものもあるんだ。

教科書を見てみよう！

 理科

電流の流れる向きが一定

 乾電池は直流

 「直流と交流」

おもに中学2年理科を参考に作成

● **直流**
乾電池から流れる電流は、流れる向きが一定である。このような電流を直流（DC）という。

● **交流**
家庭のコンセントから流れる電流は、流れる向きが周期的に変わる。
このような電流を交流（AC）という。

● **周波数**
交流で、1秒間にくり返す電流の向きの変化の回数を周波数という。
周波数の単位は Hz（ヘルツ）である。
→家庭に供給されている交流の周波数は、東日本では50Hz、西日本では60Hz である。

直流 電流の向きが一定で変わらない。

交流 電流の向きが周期的に変化している。

電流（電圧）の大きさ ＋ 0 ー

時間 ／ 時間

オシロスコープで見たときのようす

つまり、こういうこと

スマホは、AC アダプターで交流を直流に変えて充電している。

スマホを充電するためには直流が必要だが、家庭用コンセントの電流は交流なので、AC アダプターで変換する必要がある。

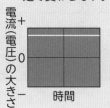

 これは、100〜240Vの交流を、5.0Vの直流に変えるAC アダプターだよ！

72 ヒント QUIZ の答え：交流

※答えは次のページ

書いて身につく! おさらいワーク

1 次の㋐、㋑は、電流について説明したものです。電流の名前を［　　］に書きましょう。また、それぞれの電流をオシロスコープで見たときの波形をA、Bから選び、［　　］に書きましょう。

㋐ 乾電池の電流のように、＋極と－極が決まっていて、電流の向きが変わらない。
名前［　　　　　］　波形［　　　］

㋑ 家庭のコンセントから得られる電流のように、＋極と－極は決まっておらず、電流の向きが周期的に変化する。
名前［　　　　　］　波形［　　　］

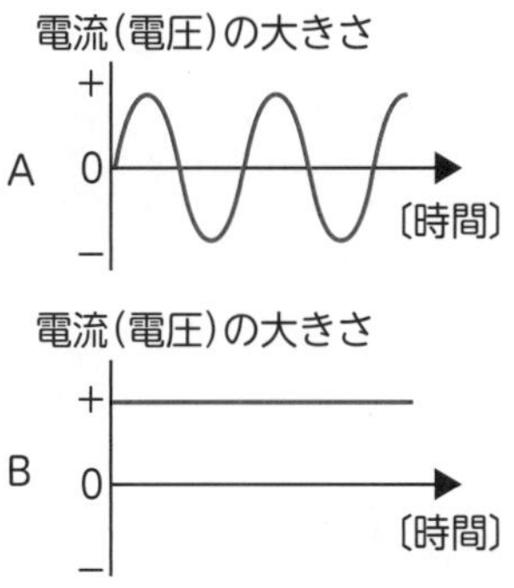

電流(電圧)の大きさ
A
＋
0
－
〔時間〕
電流(電圧)の大きさ
B
＋
0
－
〔時間〕

2 次の文章は交流について述べたものです。㋐、㋑の［　　］内の、灰色の文字をなぞりましょう。また、㋒、㋓には、日本地図のA、Bから正しいものを選び、［　　］に書きましょう。

交流が流れるとき、1秒間にくり返す電流の変化の回数を
㋐［ 周波数 ］といい、単位は㋑［ Hz（ヘルツ） ］
を使う。右の地図の㋒［　　　］の地域では50Hz、
㋓［　　　］の地域では60Hzである。

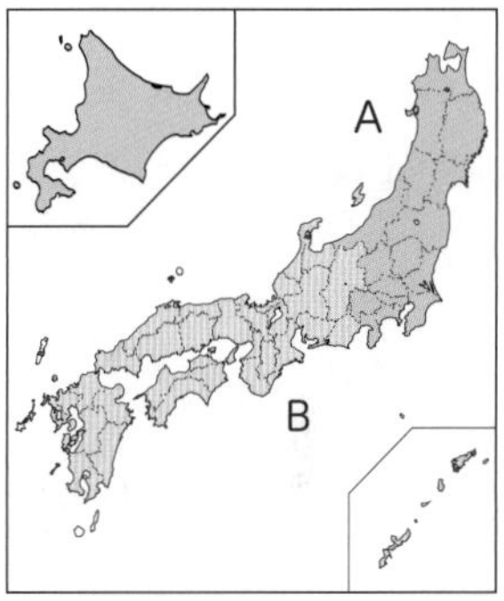

A
B

3 発光ダイオードは、決まった向き（足の長いほうから短いほう）にだけ電流が流れて点灯します。この発光ダイオードを2つ使って、右の図のようにつなぎ、交流の電流を流して暗いところですばやく左右に振ると、点灯のようすはどのようになるでしょう。㋐～㋓から正しいものを選びましょう。　［　　　］

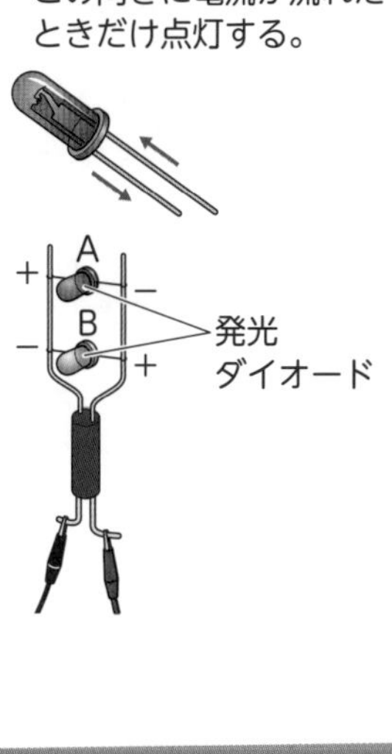

この向きに電流が流れたときだけ点灯する。
A
B
＋
－
－
＋
発光ダイオード

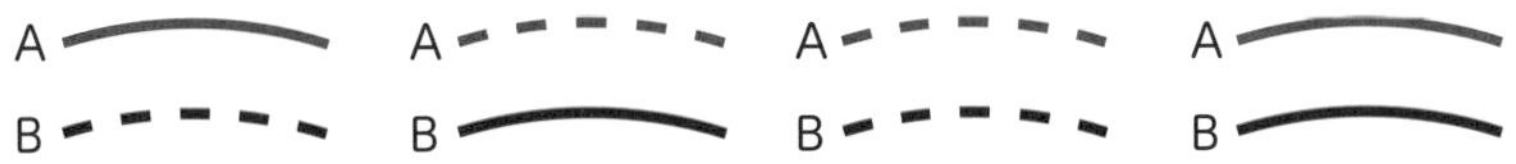

㋐
A
B
㋑
A
B
㋒
A
B
㋓
A
B

まとめ

●直流と交流

発電所の発電機でつくられる電流は、**交流**である。この電流が変電所や変圧器を経て、各家庭に送られる。
直流が必要な電気器具は、ACアダプターで交流を直流に変えて電気を利用している。

● ACアダプター

ACアダプターには、**変圧器**が入っていて、電圧（家庭のコンセントの電圧は100V）を電気器具に適した大きさに変えてから、交流を直流に変えている。

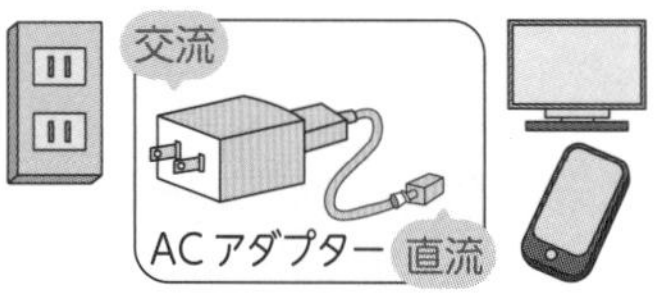

●発光ダイオード

「書いて身につく！おさらいワーク」の[3]の発光ダイオードは、電流の流れる向きが一方通行なので、流れる向きが交互に変わる交流電源につないですばやく振ると、右のように点灯する。

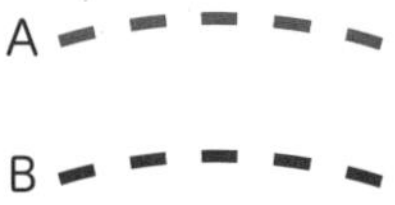

メモ
発電所の発電機
発電所の発電機は、磁石をコイルの中で回転させて、電流を発生させている。このような電流を誘導電流といい、流れる向きが変わる交流である。

メモ
周波数
日本は、静岡県の富士川と、新潟県の糸魚川のあたりを境に、周波数が異なっている。

メモ
発光ダイオード（LED）
寿命が長い、消費電力が少ないなどの特徴があり、信号機や電飾看板のほか、さまざまなところで使われ、家庭の照明にも普及しつつある。

オススメの一冊
左巻健男『大人のやりなおし中学物理　現代を生きるために必要な科学的基礎知識が身につく』サイエンス・アイ新書
（SB クリエイティブ、2008）

Q スマホ充電器の四角の部分…これって何？

A 家庭のコンセントから得られる交流を、流れる向きが変わらない直流に変えるACアダプター。

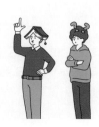

★ACとは「Alternating　Current（交流）」のこと。スマホやパソコンなどの電子機器は直流で駆動するようになっているんだね。

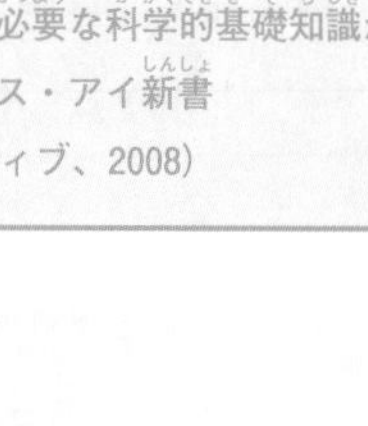

おさらいワークの答え：[1]㋐名前：直流　波形：B　㋑名前：交流　波形：A　[2]㋒A　㋓B　[3]㋒

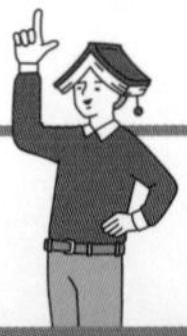

なるほどサイエンス

Q なぜICカードは読みとり機に近づけるだけでいいの？

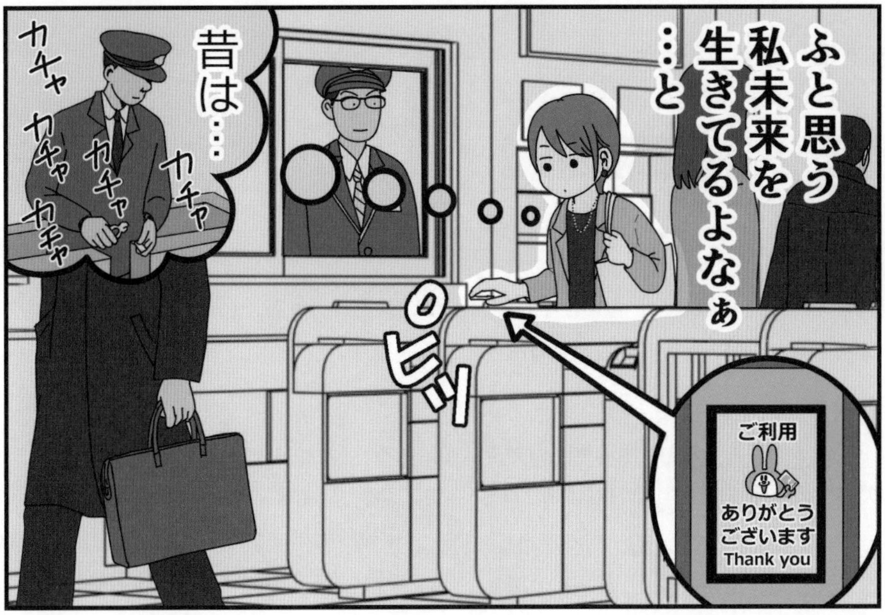

ICカードをかざすと、なぜ反応するんだろう？
カードの中に、小さな電池が入っているのかな？

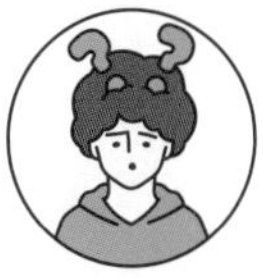

ページをめくる前に考えよう

ヒントQUIZ

図のように、乾電池を使って豆電球を点灯させました。右の文章の［　］にあてはまる語句は何？

※答えは次のページ

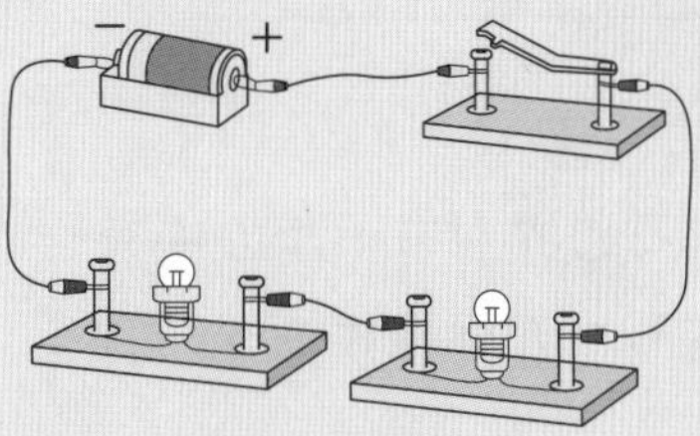

スイッチを入れると㋐［　　　］が流れて豆電球がつく。
図のように、㋐が流れる道筋を㋑［　　　］という。

A 電流が流れる集積回路が ICカードに入っているから。

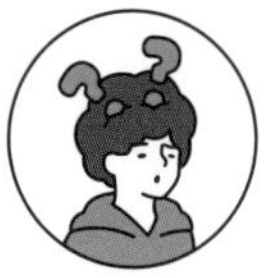

ICカードの中に電池が入っているわけではないんだね？

読みとり機から発生する磁界が、ICカードを動かすんだよ。

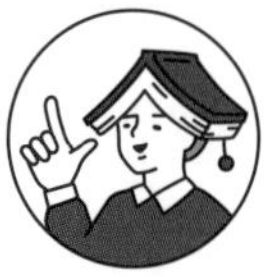

教科書を見てみよう！

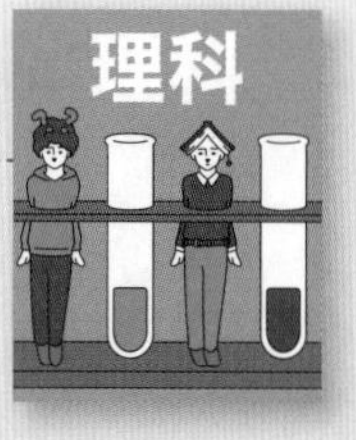
理科

「電磁誘導」

おもに中学2年理科を参考に作成

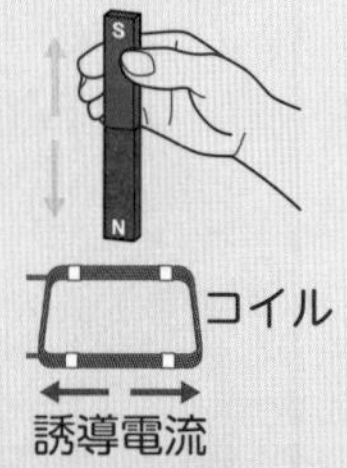
S
N
コイル
誘導電流

●電磁誘導

コイルの近くで棒磁石を動かすと、電圧が生じてコイルに電流が流れる。この現象を電磁誘導といい、そのときに流れる電流を誘導電流という。

●誘導電流の向き

・磁石を動かす向きを逆にすると、誘導電流の向きは逆になる。（AとB、CとD）

・コイル内の磁界の向き（方位磁針のN極がさす向き）を逆にすると、誘導電流の向きは逆になる。（AとC、BとD）

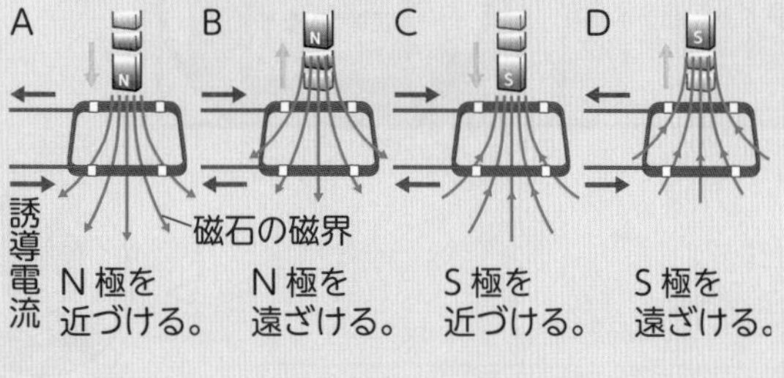
A
B
C
D
誘導電流
磁石の磁界
N極を近づける。
N極を遠ざける。
S極を近づける。
S極を遠ざける。

・電磁誘導は、発電機、ICカード、電磁調理器（IH調理器）、スマホのワイヤレス充電器、マイクロホン、変圧器などに利用されている。

つまり、こういうこと

ICカードの中にコイルがうめこまれていて、読みとり機からの変化する磁界がコイルの中を通ることによって、ICチップが作動するから。

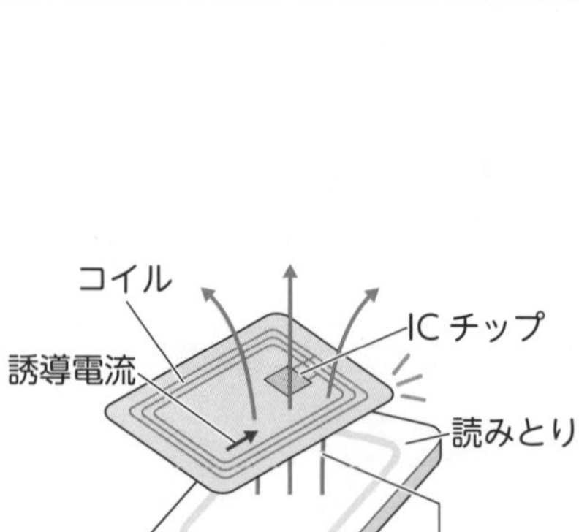
コイル
ICチップ
誘導電流
読みとり機
変化する磁界

ICチップが作動すると、逆に情報をICカードから読みとり機に送り返し、さまざまな情報をやりとりしている。

ヒントQUIZの答え：㋐電流　㋑回路

※答えは次のページ

書いて身につく！ おさらいワーク

1

次の中で、電磁誘導を利用したものはどれでしょう。［　　］に○を書きましょう。

㋐ 電磁調理器［　　］　㋑ 電球［　　］　㋒ 変圧器［　　］　㋓ マイクロホン［　　］

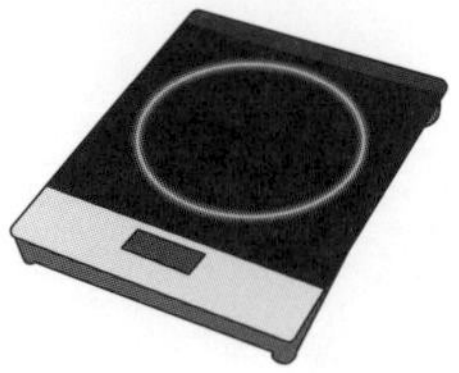
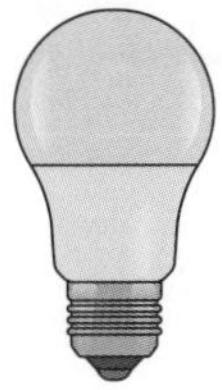
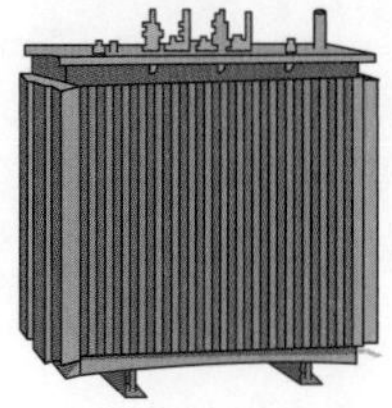
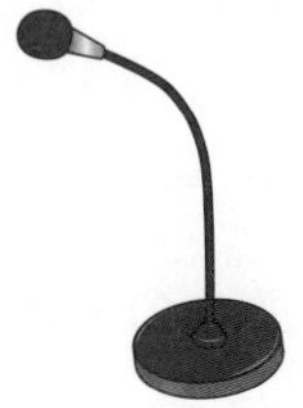

2

右の図のように、コイルに棒磁石のＮ極を近づけると、電流が矢印（↑）の方向に流れ、検流計の針が振れました。次の㋐～㋒のようにすると、電流はａ、ｂのどちらに流れるでしょう。ａ、ｂのどちらかを○で囲みましょう。

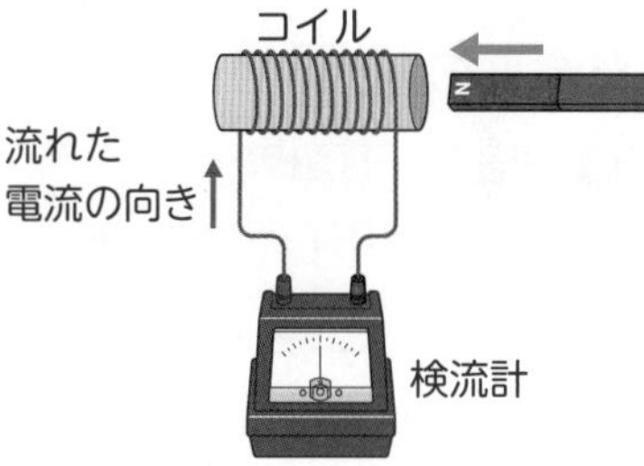
コイル
N
S
流れた電流の向き↑
検流計

㋐
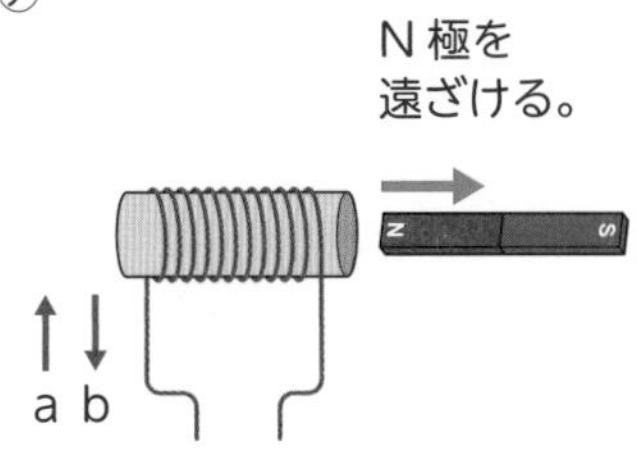
N 極を遠ざける。
N
S
a b

㋑
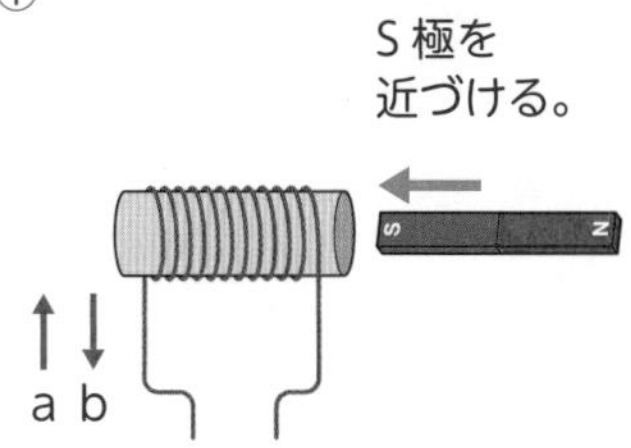
S 極を近づける。
S
N
a b

㋒
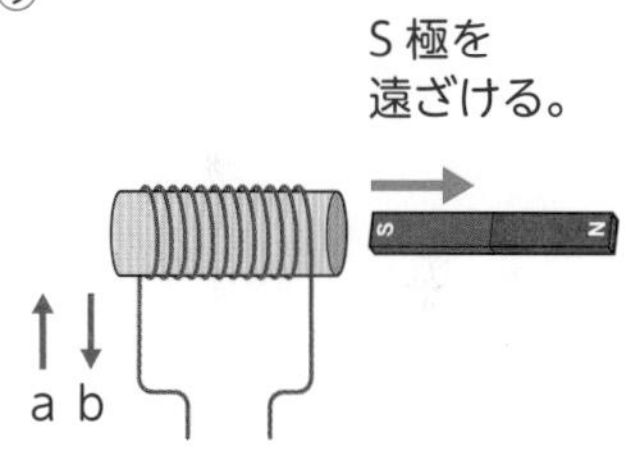
S 極を遠ざける。
S
N
a b

3

図１のように、コイルに棒磁石のＮ極を近づけると、検流計の針が左に振れました。図２のように、棒磁石のＮ極を下にして、棒磁石を左から右へ動かすと、検流計の針は、どのように振れるでしょう。なお、電流の流れる向きが逆になると、検流計の針が振れる向きも逆になります。

［　　　　　　　　　　　　］

図１
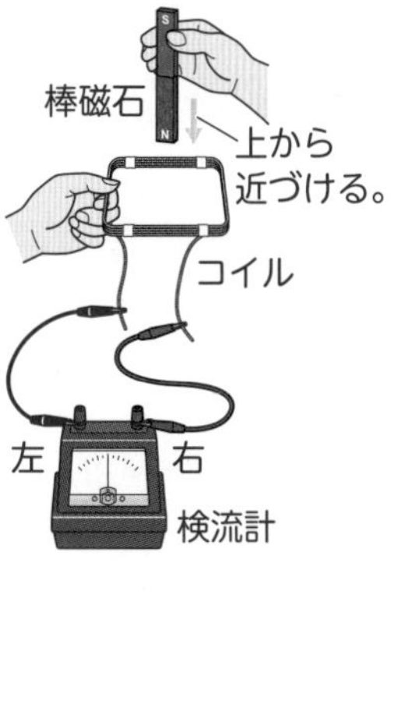
棒磁石
上から
近づける。
コイル
左
右
検流計

図２
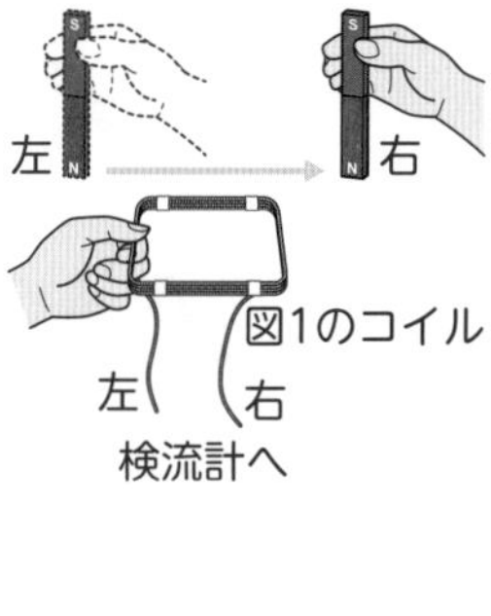
左
右
図1のコイル
左
右
検流計へ

まとめ

●電磁誘導と誘導電流

磁石やコイルを動かすことで、コイルの中の磁界（磁力のはたらく空間）が変化すると、電圧が生じてコイルに電流が流れる。この現象を**電磁誘導**といい、流れる電流を**誘導電流**という。

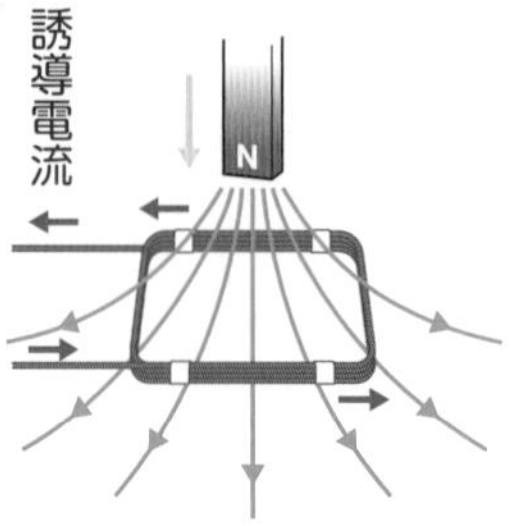

●誘導電流の大きさ

誘導電流は、磁界の変化が大きいほど、磁界が強いほど、コイルの巻数が多いほど大きくなる。

●電磁誘導の利用

電磁調理器（IH 調理器）

電磁調理器の中にはコイルが入っていて、上に金属製の鍋を置くと、磁界の変化によって鍋に誘導電流が流れ、熱が発生する。

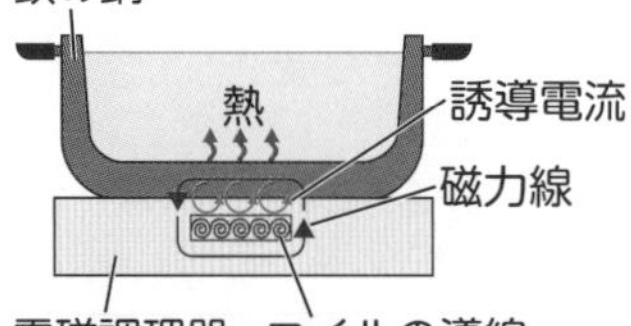

メモ

磁界

磁力のはたらく空間を磁界という。磁界には、磁石の磁界や、電流がつくる磁界がある。

メモ

ファラデー

イギリスの物理学者・科学者で、電磁誘導を発見した。世界初の発電機も、ファラデーの発想をもとにしたものだった。電気分解の研究でも知られている。

オススメの一冊

板倉聖宣『わたしもファラデー　たのしい科学の発見物語』（仮説社、2003）

Q なぜ IC カードは読みとり機に近づけるだけでいいの？

A **読みとり機から発生する磁界が IC カードの中のコイルを通ると、誘導電流が流れて情報交換をするから。**

★読みとり機にかざすだけのカードは、銀行の ATM のように差し込む必要がないので、「非接触型 IC カード」と呼ばれているよ。

おさらいワークの答え：[1] ㋐、㋒、㋓に○　[2] ㋐b　㋑b　㋒aを○で囲む。　[3] 左に振れた後、右に振れる。

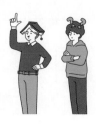

なるほどサイエンス

Q 車いすでうまく段差を こえるにはどうする?

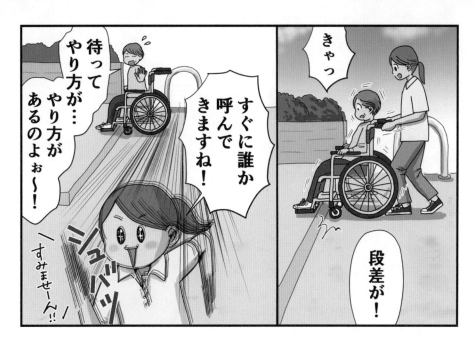

きゃっ

段差が!

すぐに誰か呼んできますね!

待ってやり方が…やり方があるのよぉ〜!

シュバッ

すみませーん!!

この段差、どうやってこえよう…。車いすは重いから持ち上げられないしなあ。楽に乗りこえられる方法はないかな?

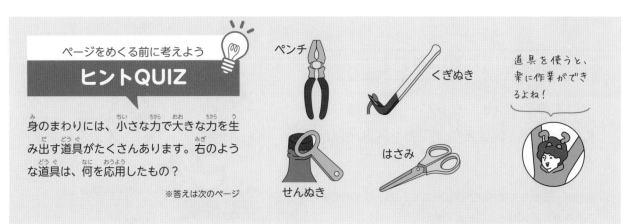

ページをめくる前に考えよう

ヒントQUIZ

身のまわりには、小さな力で大きな力を生み出す道具がたくさんあります。右のような道具は、何を応用したもの?

※答えは次のページ

ペンチ

くぎぬき

せんぬき

はさみ

道具を使うと、楽に作業ができるよね!

A　てこの原理を利用する。

てこって、小さな力で大きな力を
生み出せるものだよね。

その通り！ てこの原理を利用した
道具は、たくさんあるんだよ。

教科書を 見 てみよう！

「てこの原理」

おもに小学6年理科を参考に作成

理科

- **てこ**
棒を1点で支え、力を加えてものを動かすことができるようにした
道具をてこという。

- **支点・力点・作用点**
  - ・支点…棒を支えるところ。
  - ・力点…棒に力を加えるところ。
  - ・作用点…棒からものに力がはたらくところ。
  - →支点から作用点の距離（A）が短いほど、また、
    支点から力点の距離（B）が長いほど、楽にもの
    を動かすことができる。

- **てこを利用した道具**
使い道に合わせて、てこの原理が利用されている。

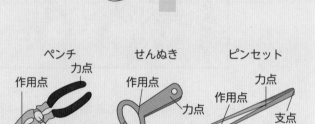

作用点　支点　力点

棒　A　B

ペンチ
作用点　力点
支点

せんぬき
作用点
力点

ピンセット
力点
作用点
支点

つまり、こういうこと

車いすのティッピングレバー（足で踏む部分）
に足を乗せ、体重をかけてキャスター（前輪）
を浮かせる。

駆動輪（後輪）の接地面が支点となり、てこの原理で楽にキャ
スターを段差に乗せることができる。

こりゃ
ラクだ〜！

ティッピング
レバー

力点　支点

キャスター
（前輪）

ヒントQUIZの答え：てこ（てこの原理）

※答えは次のページ

書いて身につく! おさらいワーク

1

右の図は、てこでおもりを支えているようすを表したものです。㋐～㋒の[　　]にあてはまる言葉を書きましょう。また、次の文の[　　]にあてはまる言葉を書きましょう。

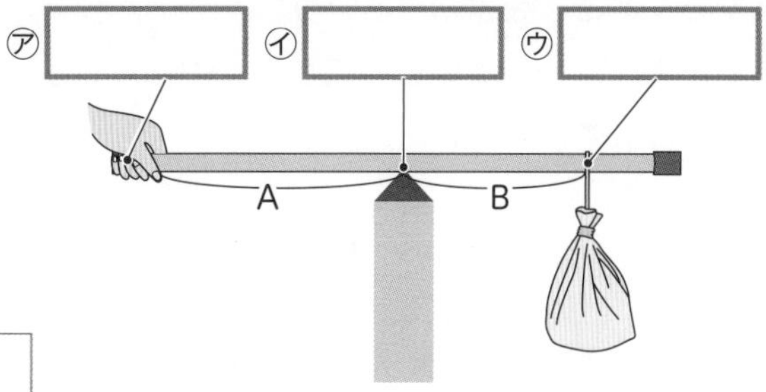

ア
イ
ウ
A
B

㋐から㋑までの距離Aが長いほど、手ごたえは㋓[　　　　　　　]なり、㋑から㋒までの距離Bが長いほど、手ごたえは㋔[　　　　　　　]なる。

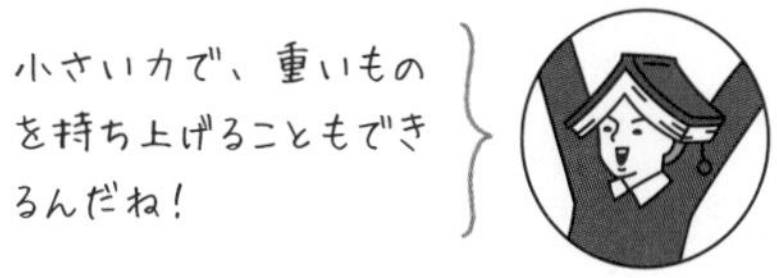

小さい力で、重いものを持ち上げることもできるんだね!

2

(1)～(3)の道具の㋐～㋒に、支点・力点・作用点のいずれかの言葉を書き入れましょう。

(1) せんぬき

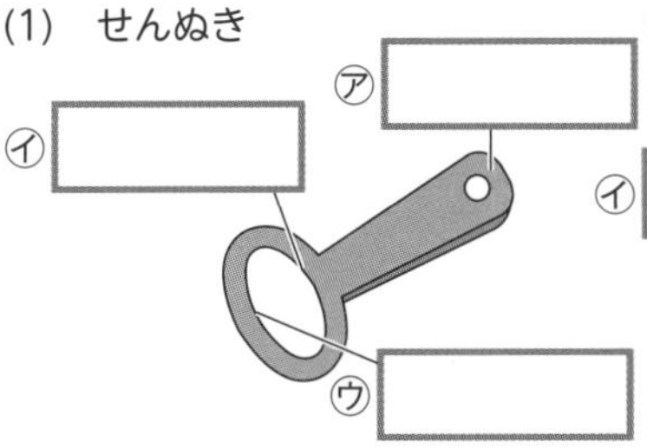

ア
イ
ウ

(2) ピンセット

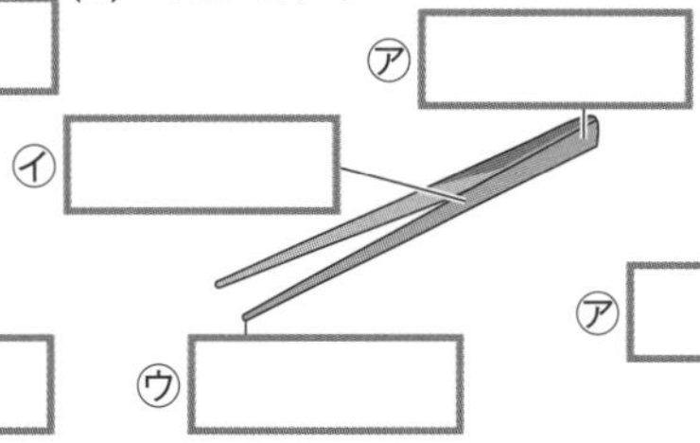

ア
イ
ウ

(3) はさみ

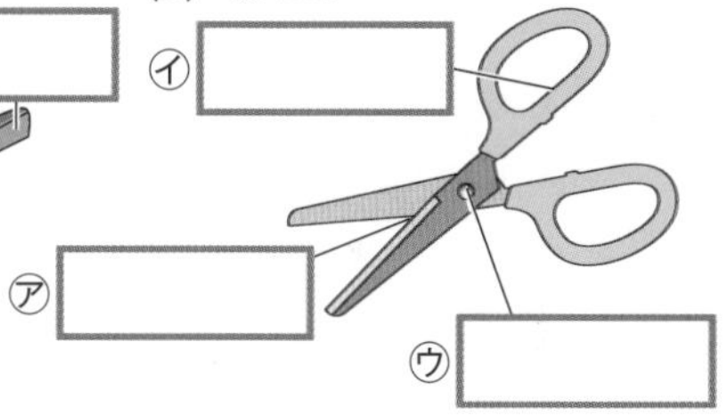

イ
ア
ウ

3

下の図のように、てこは、左右のうでの**力の大きさ(おもりの重さ)×支点からの距離**が等しいときにつり合います。1個10gのおもりを右の図のようにつり下げた場合、水平につり合わせるためには、㋐、㋑に何gのふくろをつり下げればよいでしょう。

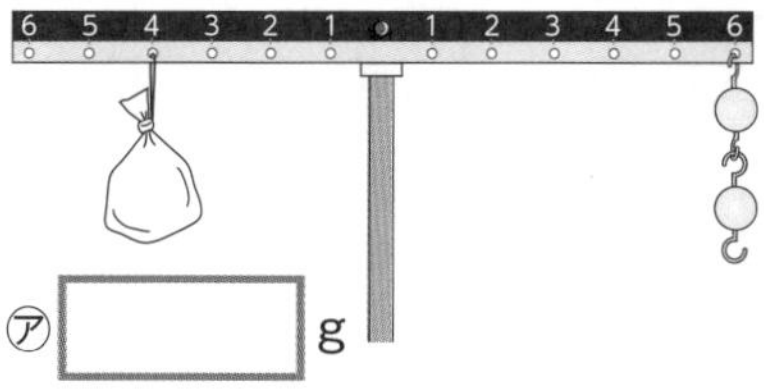

6 5 4 3 2 1 1 2 3 4 5 6
ア
g

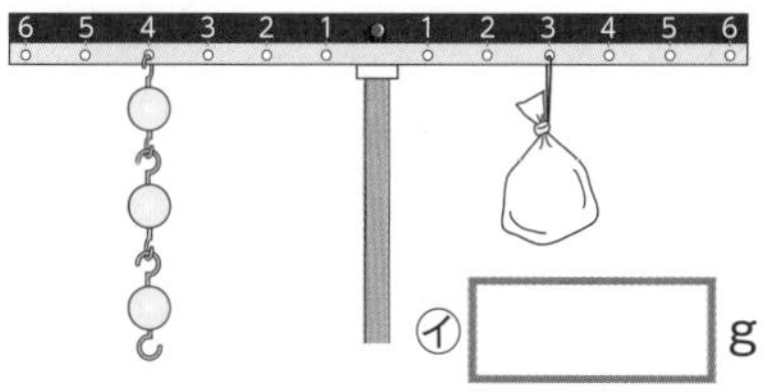

6 5 4 3 2 1 1 2 3 4 5 6
イ
g

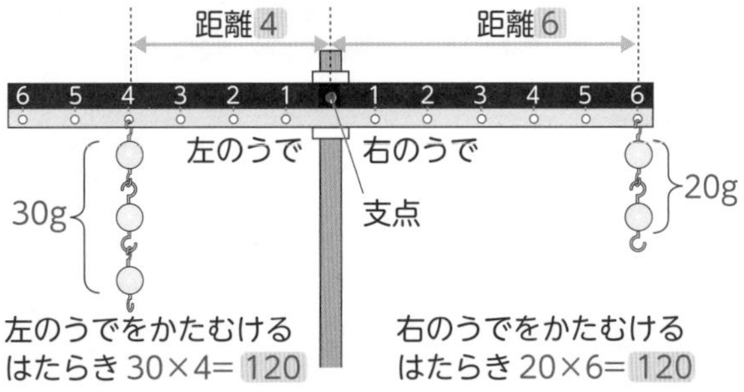

距離4
距離6
6 5 4 3 2 1 1 2 3 4 5 6
左のうで
右のうで
支点
30g
20g
左のうでをかたむけるはたらき 30×4= 120
右のうでをかたむけるはたらき 20×6= 120

まとめ

●支点・力点・作用点

てこで、支えるところを**支点**、力を加えるところを**力点**、力がはたらくところを**作用点**という。
支点、力点、作用点のどの点が真ん中にくるかで、てこは3種類に分けることができる。

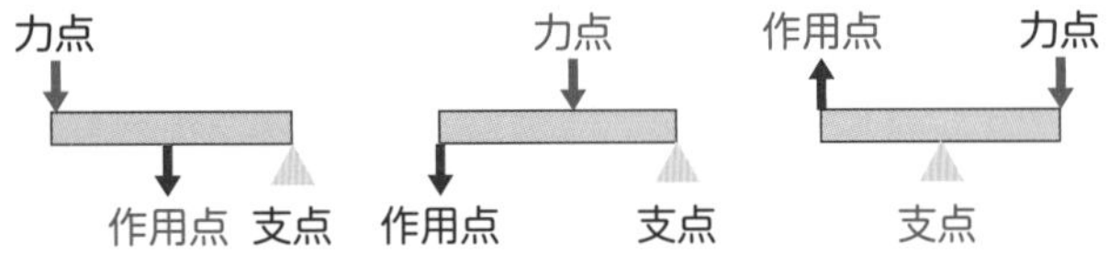

●てこのつり合い

てこは、左右のうでの**力の大きさ×支点からの距離**が等しいときにつり合う。「書いて身につく！おさらいワーク」[3]の㋐では、□×4＝20×6となるときにつり合うので、□＝120÷4＝30より、30gと求めることができる。

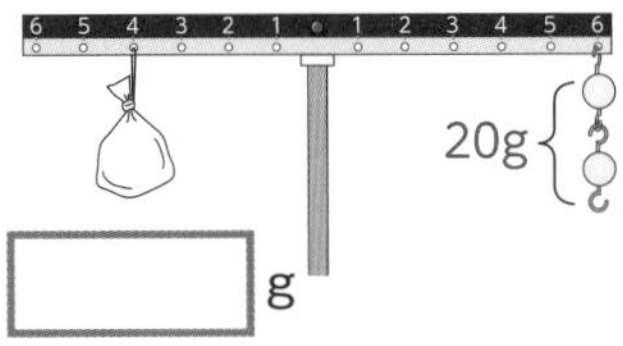

注意⚠

つめ切りのしくみ

つめ切りは、2つのてこが組み合わされている。「てこ①」は、作用点が間にあるてこで、「てこ②」は、力点が間にあるてこである。

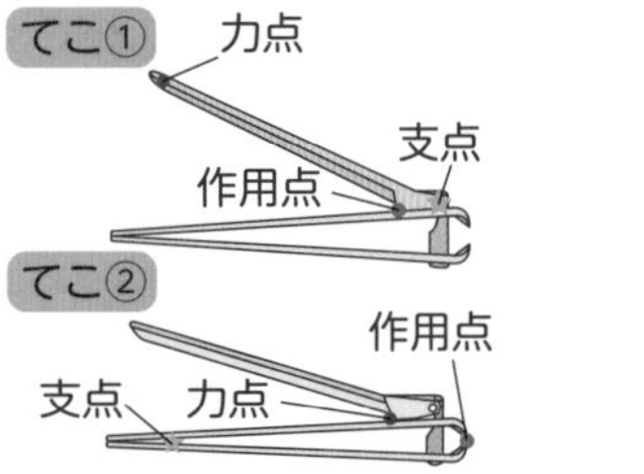

オススメの一冊

尾嶋好美『科学実験でスラスラわかる！ 本当はおもしろい 中学入試の理科』（大和書房、2022）

[Q] 車いすでうまく段差をこえるにはどうする？

[A] てこの原理を利用し、ティッピングレバーに足を乗せ、体重をかけてキャスター（前輪）を浮かせて段差に乗せる。

★力点（足をかける部分）と支点（駆動輪の接地面）との距離が大きいほど、小さい力でキャスターを浮かせることができるよ！

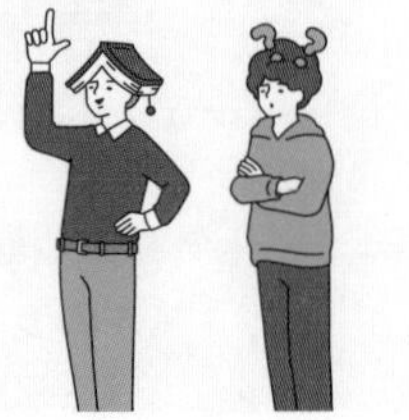

おさらいワークの答え：[1]㋐力点 ㋑支点 ㋒作用点 ㋓小さく ㋔大きく [2](1)㋐力点 ㋑作用点 ㋒支点 (2)㋐支点 ㋑力点 ㋒作用点 (3)㋐作用点 ㋑力点 ㋒支点 [3]㋐30 ㋑40

Q リニア新幹線が、ふつうの新幹線より速いのはなぜ？

リニア新幹線は、東海道新幹線の半分の時間で目的地に行けるんだって！

いったい、どんなしくみになっているのだろう？

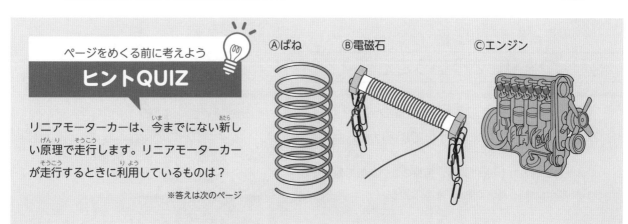

ページをめくる前に考えよう
ヒントQUIZ

リニアモーターカーは、今までにない新しい原理で走行します。リニアモーターカーが走行するときに利用しているものは？

※答えは次のページ

Ⓐばね　　Ⓑ電磁石　　Ⓒエンジン

電磁石の力で車体を浮かせたまま動かしているから。

電磁石の力って、車体を高速で走らせられるほど大きいの？

超電導磁石というものも使って、いろいろ工夫してつくられているんだよ！

教科書を見てみよう！

理科

「電磁石」

おもに小学5年理科を参考に作成

● 電磁石
導線を何回も巻いたものをコイルという。コイルに鉄心を入れて電流を流すと鉄を引きつける磁石になる。これを電磁石という。

電磁石

● 電磁石の強さ
流れる電流が大きいほど、コイルの巻数が多いほど、電磁石が鉄を引きつける力は大きくなる。

● 電磁石の極
コイルに流れる電流の向きを逆にすると、電磁石のN極、S極が逆になる。

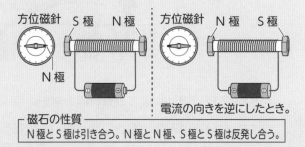

電流の向きを逆にしたとき。

磁石の性質
N極とS極は引き合う。N極とN極、S極とS極は反発し合う。

つまり、こういうこと

電磁石の引き合う力、反発し合う力を利用して車体を浮かせたまま走行しているから。

車体が電磁石の力で10cm浮き、摩擦のない状態で動くため、時速500kmという高速で走ることができる。

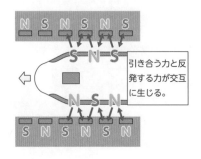

引き合う力と反発する力が交互に生じる。

ヒントQUIZの答え：Ⓑ電磁石

※答えは次のページ

書いて身につく! おさらいワーク

1

次のうち、棒磁石にあてはまるものにはAを、電磁石にあてはまるものにはBを[　　]に書きましょう。

㋐ [　　] N極とS極を変えることはできない。

㋑ [　　] 電流が流れる向きによって、N極とS極が変わる。

㋒ [　　] 電流が流れなければ磁石にならない。

㋓ [　　] 鉄を引きつける力の強さを変えることができる。

2

次の㋐～㋓の[　　]にあてはまる語句を、右の[　　]から選んで書きましょう。

導線を同じ方向に何回も巻いたものを㋐ [　　　　] という。㋐に鉄心を入れて電流を流すと、鉄を引きつける磁石になる。これを㋑ [　　　　] という。図で、方位磁針のN極がAを指していることから、Aは㋒ [　　　] 極、Bは㋓ [　　　] 極ということがわかる。

N
S
電磁石
コイル

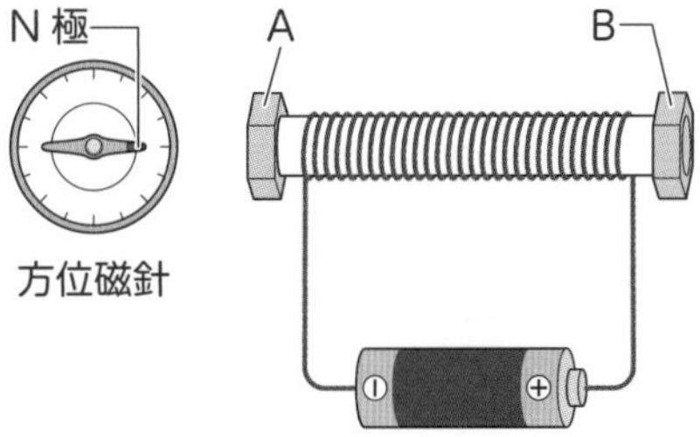

N極
A
B
方位磁針

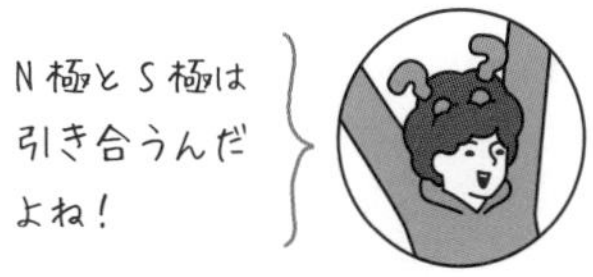

N極とS極は
引き合うんだ
よね!

3

電磁石は、流れる電流が大きいほど、コイルの巻数が多いほど、鉄を引きつける力は大きくなります。右のA～Cのうち、鉄を引きつける力が最も大きい電磁石はどれでしょう。

[　　]

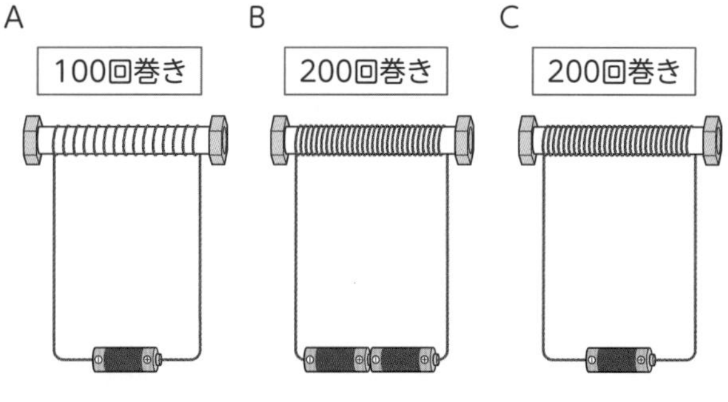

A
B
C
100回巻き
200回巻き
200回巻き

まとめ

● **電磁石**

コイルに鉄心を入れて電流を流すと鉄を引きつける磁石になる。これを**電磁石**という。

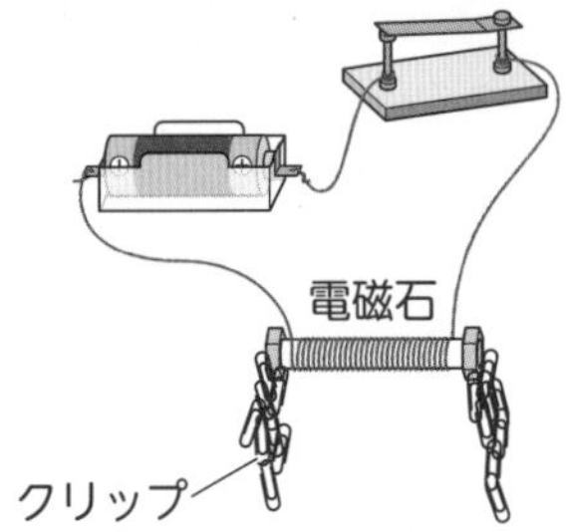

● **リニアモーターカーのしくみ**

(1) 車体には**超電導磁石**が、地上の壁にはコイルが取り付けられている。

(2) 壁に取り付けられたコイルに電流を流すことにより、交互に生じる「N極とS極の引き合う力」と「N極どうし・S極どうしの反発する力」により車体が前進する。

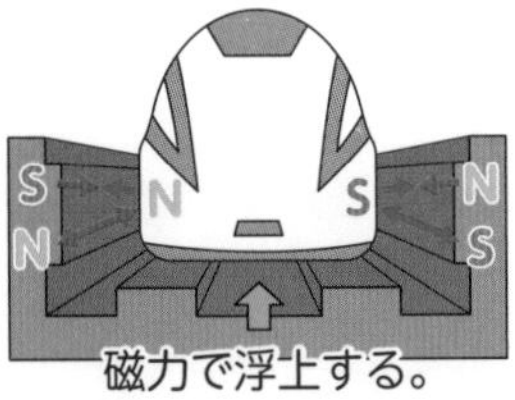

磁力で浮上する。

※車体は、発車直後は車輪を使うが、時速150km以上になると磁力で地上から浮き上がって進むので、高速走行が可能になる。

メモ

リニアモーターとは

リニアモーターとは、軸のないモーターのことで、回転式のモーターを引きのばしたもののことである。一般的なモーターが回転運動をするのに対し、リニアモーターは直線運動をする。

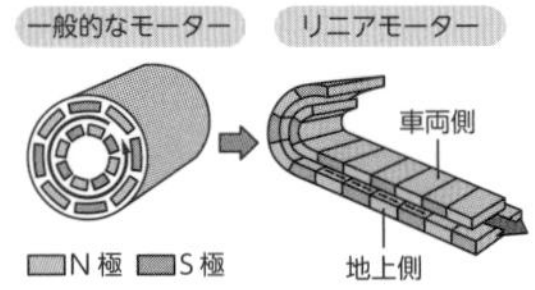

メモ

超電導磁石

ある金属を一定温度以下にすると、電気抵抗がゼロになる（超電導現象）。この現象を活用した超電導磁石を用いることで、半永久的に電流を流すことができ、経済的で高速な走行が可能になる。

オススメの一冊

TDG電気指導会『小学生からの電気図鑑』（オーム社、2022）

[Q] リニア新幹線が、ふつうの新幹線より速いのはなぜ？

[A] レールは使わず、電磁石の力を利用して車体を浮上させ、摩擦のない状態で進むから。

★東京から名古屋は40分、東京から大阪は１時間ちょっとで行けるんだ。指令室から運転するので、運転手は乗らないんだって！

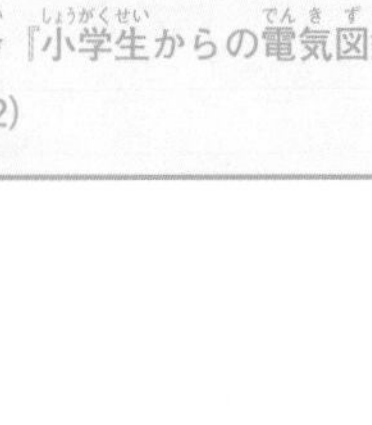

おさらいワークの答え：[1]㋐A ㋑B ㋒B ㋓B [2]㋐コイル ㋑電磁石 ㋒S ㋓N [3]B

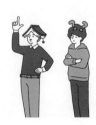

なるほどサイエンス

Q 放射能と放射線って、
同じじゃないの？

原子力発電所の話になると、放射能、放射線という言葉が頻繁に
出てくるけど、この2つって、どう違うのだろう？

ページをめくる前に考えよう
ヒントQUIZ

X線は、歯や骨などのレントゲン撮影に利
用されています。X線は、放射能、放射線
のどちら？

※答えは次のページ

A ❯ 放射能が電池、放射線が電流のようなもの。

「電池＝放射能」が、
「電流＝放射線」を生み出すということ？

そう！「放射能」の「能」は、
「能力」という意味なんだね。

教科書を 🔍 見 てみよう！

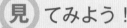
「放射線」

おもに中学3年理科を参考に作成

● 放射線と放射能

　X線、α線、β線、γ線、中性子線など、高いエネルギーをもった粒子や電磁波を放射線といい、放射線を出す能力を放射能という。

● 放射線の透過力

　放射線には物質を透過する性質（透過性）があり、放射線によって透過する力（透過力）が異なっている。

放射線の透過力

α線	→ 紙	うすい金属板（アルミニウムなど）
β線		金属の厚い板（鉛や鉄）
γ線 X線		
中性子線		

水素をふくむ物質（水など）

● 放射線と単位

・ベクレル（Bq）…放射線を出す能力の大きさを表す単位。

・グレイ（Gy）…物体や人体が受けた放射線のエネルギーの大きさを表す単位。

・シーベルト（Sv）…人体が、どれだけ放射線による影響を受けたかを表す単位。

つまり、こういうこと

放射性物質が、α線、β線などの放射線を出す能力を放射能という。

「電球」（放射性物質）が「光を出す能力」（放射能）をもち、その能力をもった電球から「光」（放射線）が出ていく現象にもたとえることができる。

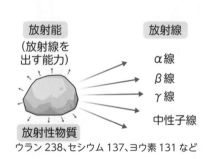

放射能
（放射線を
出す能力）

放射線
α線
β線
γ線
中性子線

放射性物質
ウラン238、セシウム137、ヨウ素131など

※答えは次のページ

書いて身につく! おさらいワーク

1

放射線には、物質を透過する性質があります。そのようすを表した下の図の[　　　]内の、灰色の文字をなぞりましょう。

㋐ [α線]

㋑ [β線]

㋒ [γ線・X線]

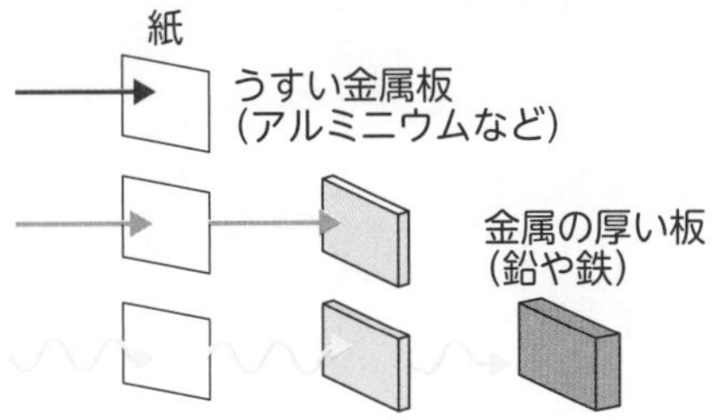

紙
うすい金属板
(アルミニウムなど)
金属の厚い板
(鉛や鉄)

2

㋐〜㋒の放射線の単位について説明した文として正しいものを㋓〜㋕から選び、線でつなぎましょう。

㋐ ベクレル (Bq) ●	● ㋓ 人体が、どれだけ放射線による影響を受けたかを表す単位。
㋑ グレイ (Gy) ●	● ㋔ 放射線を出す能力の大きさを表す単位。
㋒ シーベルト (Sv) ●	● ㋕ 物体や人体が受けた放射線のエネルギーの大きさを表す単位。

Bq は出す側、Gy、Sv は受ける側、ということだね!

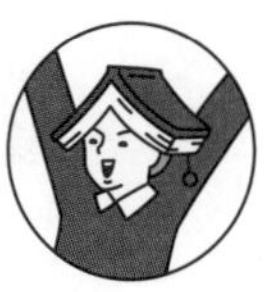

雨にたとえると…

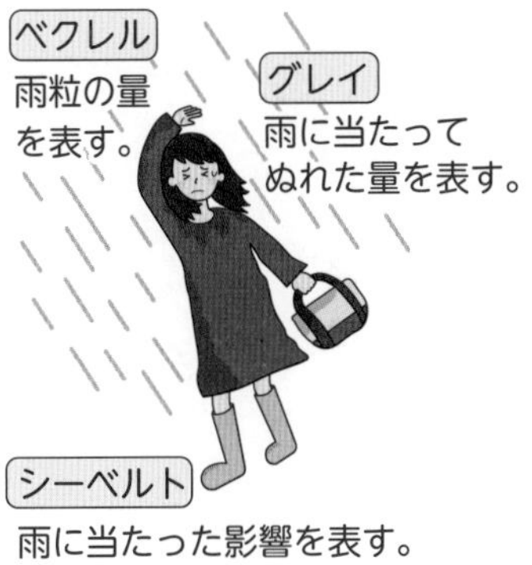

ベクレル
雨粒の量を表す。
グレイ
雨に当たってぬれた量を表す。
シーベルト
雨に当たった影響を表す。

3

放射線について述べた次の文で、正しいものには○、まちがっているものには×を[　　]に書きましょう。

㋐ [　　]

生物が大量の放射線をあびると、細胞や DNA が傷つき、健康に被害が生じる可能性がある。

㋑ [　　]

身のまわりにある岩石や食物などからは、放射線はまったく出ていない。

㋒ [　　]

核分裂で放出されるエネルギーは、普通の化学反応で放出されるエネルギーよりはるかに大きい。

まとめ

● 自然放射線

放射性物質は自然界にも存在するが、日常的にさらされる放射線は微量なので、人体に害はない。

わたしたちの身のまわりにある岩石や食物、ヒトの体内にも放射性物質は存在し、宇宙からも降り注いでいる。

● 放射線の正体

原子は、原子核、陽子、中性子、電子からできている。不安定な状態の原子が、安定な状態になるときに放出される粒子や電磁波が放射線である。

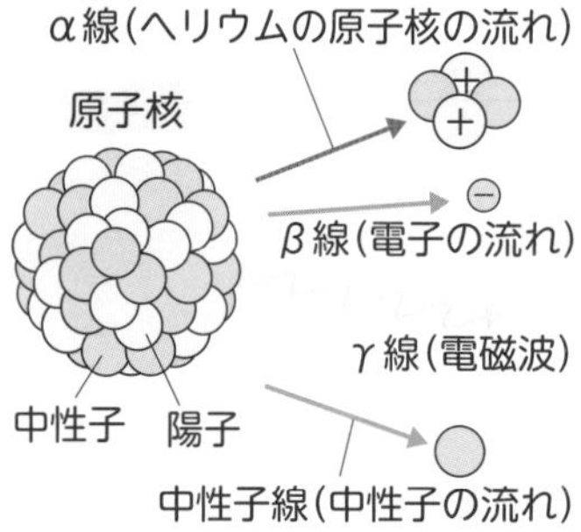
α線(ヘリウムの原子核の流れ)
原子核
β線(電子の流れ)
γ線(電磁波)
中性子
陽子
中性子線(中性子の流れ)

● レントゲン検査

X線を使って、レントゲン撮影をすると、骨が白くうつる。これは、X線には骨などの密度の大きい物質を透過せず、紙や皮膚などの密度の小さい物質を透過する性質があるからである。

メモ

放射性物質

ウラン238、セシウム137、ヨウ素131、カリウム40など、多くの放射性物質が自然界に存在している。

メモ

半減期

放射性物質は、時間とともに放射線を出さない物質に変化するが、その量が半分になるまでの時間を半減期という。その時間は物質によって異なり、ウラン235は約7億年、セシウム137は約30年、ヨウ素131は約8日である。

オススメの一冊

齋藤勝裕『知っておきたい放射能の基礎知識 原子炉の種類や構造、α・β・γ線の違い、ヨウ素、セシウム、ストロンチウムまで』
サイエンス・アイ新書
(SB クリエイティブ、2011)

[Q] 放射能と放射線って、同じじゃないの？

[A] **X線、α線、β線、γ線、中性子線などを放射線といい、これらの放射線を出す能力を放射能という。**

★放射線にはいくつかの種類があるけれど、共通の性質として、①目に見えない、②物体を通り抜ける（透過性）、③原子をイオンにする（電離作用）などがあげられるよ！

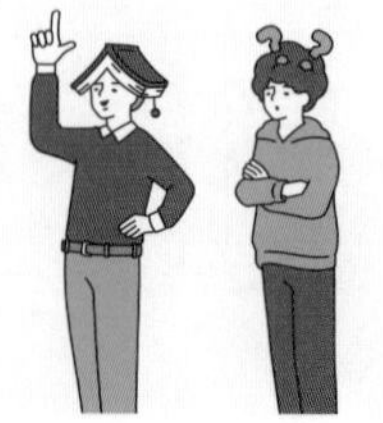

おさらいワークの答え：[2]㋐と㋔、㋑と㋕、㋒と㋓を線で結ぶ。 [3]㋐○ ㋑× ㋒○

なるほどサイエンス

湖で波が起こるのはなぜ?

湖の波も じつは…

…なわけ ないよね～

湖では、いつも波が立っているんだって。いったい，どんな力があのような波を起こしているんだろう?

ページをめくる前に考えよう

ヒントQUIZ

湖面の波のようすは、そのときの天気にも影響されます。おだやかな晴れの日は、波が大きい? 小さい?

※答えは次のページ

Ⓐ 大きい

Ⓑ 小さい

A 　風が湖面をゆらしているから。

風って、どこから、どんなしくみで
吹いてくるのだろう？

風が吹くのは、気圧というものが
関係しているんだよ。

教科書を 見 てみよう！

理科

「風が吹くしくみ」

おもに中学2年理科を参考に作成

●大気圧

空気にも重さがある（気温が20℃で湿度が65％、1気圧のとき、1Lあたり約1.2g）。地球上の物体は、この空気の重さに押されていて、この力を大気圧（気圧）という。大気圧の単位にはヘクトパスカル（hPa）が使われる。

●高気圧と低気圧

まわりより気圧が高いところを高気圧、まわりより低いところを低気圧という。
空気は、気圧が高いところから低いところへ向かって動く。これが風である。

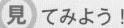

●等圧線

気圧が等しいところを結んだ曲線を等圧線といい、普通4hPaごとに細い実線で、20hPaごとに太い実線で引かれる。
等圧線の間隔がせまいほど気圧の変化が大きいので、強い風が吹く。

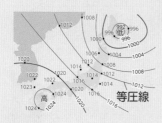

等圧線

つまり、こういうこと

風が吹くことによって湖面がゆれ、それが波となる。

空気の重さによって気圧が生じ、気圧の差によって、気圧の高いほうから低いほうへ向かって風が生じる。

下降気流

時計回りに
風が吹き出す。

高気圧と低気圧
では、空気の動き
方が違うんだね！

上昇気流

反時計回りに
風が吹き込む。

低気圧に向かって
風が吹く。

書いて身につく! おさらいワーク

1 海面の高さ（高度0m）では、1m²あたり100g の紙をおよそ10万枚重ねたときと同じ大きさの大気圧がはたらいています。1m²あたりの大気圧は、どのくらいになるでしょう。次の［　　］に数字を書きましょう。
1kg＝1000g、1t（トン）＝1000kg です。

すごい重さだ!

100g×100000枚 ＝ ㋐［　　　　　　　　］g ＝ ㋑［　　　　　　　］kg ＝ ㋒［　　　　　］t

2 気圧は hPa（ヘクトパスカル）という単位で表され、右の天気図では、4hPa ごとに等圧線が引かれています。次の㋐〜㋓の［　　］にあてはまる言葉や数字を書きましょう。

まわりより気圧が高いところを㋐［　　　　　　　　］、まわりより気圧が低いところを㋑［　　　　　　　］という。風は、気圧が高いところから低いところへ向かって吹く。

右の図の P 地点の気圧は㋒［　　　　　　　］hPa である。また、a〜d 地点の風の強さを比べると㋓［　　　　　　　］地点が最も風が強い。

等圧線の間隔がせまいほど、風は強くなるよ!

3 高気圧と低気圧では、空気の動き方が異なります。高気圧、低気圧の空気の動き方を、図のA〜D からそれぞれ選んで、［　　］に記号を書きましょう。

㋐ 高気圧 ［　　　　］ A　　　　B　　　　C　　　　D

㋑ 低気圧 ［　　　　］

等圧線

→ 大気の上昇・下降 → 海面付近での風の向き

低気圧では雲ができるのか!

まとめ

● 大気圧

地球上の物体は、その上にある空気の重さに押されていて、その力を**大気圧**（**気圧**）という。
大気圧は、標高の高いところでは小さく、標高の低いところでは大きくなる。海面と同じ高さのところでは、約1013hPa（ヘクトパスカル）で、これを1気圧という。

● 高気圧と低気圧

まわりより気圧が高いところを**高気圧**、まわりより低いところを**低気圧**という。風は、高気圧側から低気圧側に向かって吹く。

● 海風と陸風

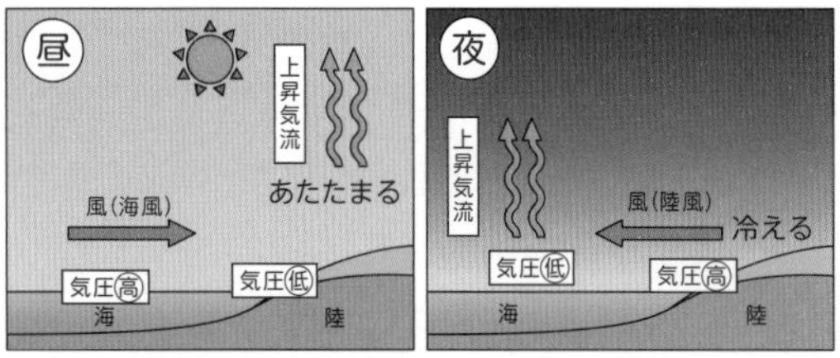

昼は、海より陸の上の空気のほうがあたたかくなり、気圧が低くなるので、海から陸へ風が吹く（**海風**）。
夜は、陸より海の上の空気のほうがあたたかくなり、気圧が低くなるので、陸から海へ風が吹く（**陸風**）。

注意 ⚠

吸盤
吸盤は、内部の空気をぬいて真空に近い状態にし、吸盤の外側から大気圧によって押されることで面に吸着させる道具である。

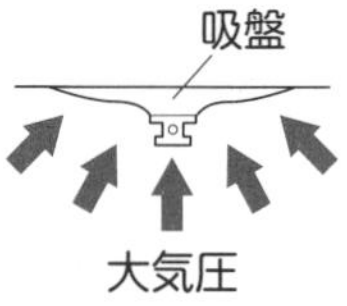

メモ

スナック菓子の袋
富士山のふもとから菓子袋を持って山頂へ上がると、菓子袋がふくらむ。これは山頂のほうが、袋を外側から押す力（大気圧）が小さいからである。

オススメの一冊

菅井貴子『みんなが知りたい！気象のしくみ 身近な天気から世界の異常気象まで』
まなぶっく
（メイツ出版、2021）

Q 湖で波が起こるのはなぜ？

A 気圧の高いところから低いところへ吹いてきた風に、湖面の水が押されて波となるから。

★洗面器に入れた水に強く息を吹きかけると波が起こるのと、同じ現象なんだよ！

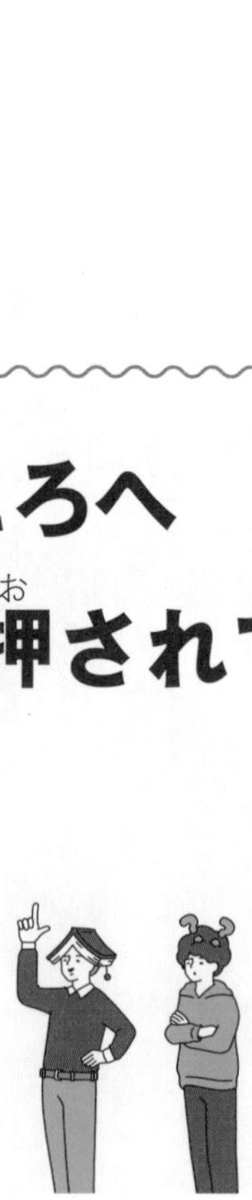

おさらいワークの答え：[1]㋐10000000　㋑10000　㋒10　[2]㋐高気圧　㋑低気圧　㋒1024　㋓a　[3]㋐B　㋑C

なるほどサイエンス

<ruby>春<rt>はる</rt></ruby>になると、PM2.5が<ruby>飛<rt>と</rt></ruby>んでくるって<ruby>世間<rt>せけん</rt></ruby>がさわがしくなるけど、その<ruby>正体<rt>しょうたい</rt></ruby>は<ruby>何<rt>なん</rt></ruby>なのだろう？

ページをめくる前に考えよう

ヒントQUIZ

1nm、1μm、1mm のうち、<ruby>一番長<rt>いちばんなが</rt></ruby>いのはどれ？　およその<ruby>大<rt>おお</rt></ruby>きさを<ruby>表<rt>あらわ</rt></ruby>した、<ruby>右<rt>みぎ</rt></ruby>の2つの<ruby>図<rt>ず</rt></ruby>がヒントです。

※答えは次のページ

水分子

約0.38nm(ナノメートル)

スギの花粉

約30μm
（マイクロメートル）

Ⓐ　1nm

Ⓑ　1μm

Ⓒ　1mm

A 目に見えないくらいの 小さな粒子。

PM2.5って、わかりにくい名前だよね。どういう意味なの？

PMは粒子であることを、2.5は大きさを意味してるんだよ！

教科書を 見てみよう！

理科

「春の天気」

おもに中学2年理科を参考に作成

● **偏西風**
日本が位置する中緯度地域の上空では、一年中、西から東へ風が吹いている。この風を偏西風という。

● **天気の移り変わり**
低気圧や高気圧は、偏西風の影響で西から東へ移動する。
そのため、日本では天気がおおむね西から東へ変わることが多い。

● **PM2.5**
粒子状物質をPM（ピーエム）といい、2.5μm（マイクロメートル）以下の粒子をPM2.5という。PM2.5は、偏西風にのって大陸から飛んでくるものが多い。
→2.5μmは、2.5mmの1000分の1で、スギの花粉の10分の1ほどしかない微粒子である。

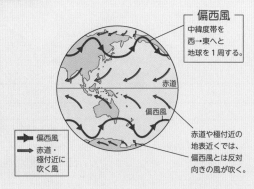

偏西風
中緯度帯を
西→東へと
地球を1周する。

⇒ 偏西風
→ 赤道・極付近に吹く風

赤道

偏西風

赤道や極付近の地表近くでは、偏西風とは反対向きの風が吹く。

つまり、こういうこと

PM2.5は、2.5μm以下の超微粒子。

日本の上空では一年中、西から東へ偏西風が吹いていて、この風にのって中国などからPM2.5が飛んでくる。
春はほかの季節より偏西風の影響が強くなり、より多くのPM2.5が飛来する。

偏西風

春に偏西風の影響が強くなるのはなぜだろう…。

  ヒントQUIZの答え：ⓒ（1mmの1000分の1が1μm、1μmの1000分の1が1nm）

※答えは次のページ

書いて身につく！ おさらいワーク

1 日本の上空で吹く風について説明した次の文章の［　　］にあてはまる語句を書きましょう。
なお、㋐、㋑には、東・西・南・北のいずれかの方位が入ります。

日本が位置する中緯度地域の上空では、一年中、

㋐［　　　　　］から㋑［　　　　　］へ風が吹

いている。

図のPで表されるこの風を㋒［　　　　　］

という。

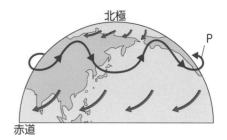

北極

P

赤道

2 次の3つの写真は、ある春の連続した3日間の雲のようすを気象衛星から撮影したものです。
日付順になるように、㋐〜㋒を並べかえて［　　］に書きましょう。

［　　　→　　　→　　　］

㋐ 　　㋑ 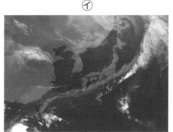　　㋒

写真提供：気象庁

3 右の図は、いろいろな粒子を、髪の毛の大きさと比べたものです。図の㋐〜㋒にあてはまるものを、下の□□□から選んで、A〜Cの記号を［　　］に書きましょう。

```
A  PM2.5
B  ウイルス
C  スギの花粉
```

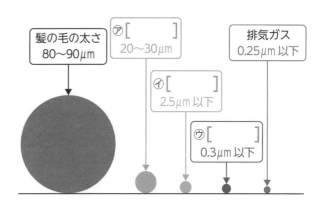

髪の毛の太さ 80〜90μm
㋐［　　　］ 20〜30μm
排気ガス 0.25μm以下
㋑［　　　］ 2.5μm以下
㋒［　　　］ 0.3μm以下

※図の粒子の大きさは、およその大きさで表している。

まとめ

● **偏西風**

地球の中緯度帯を、西から東へ１周して移動する大気の動きを偏西風という。

● **PM2.5**

大きさが2.5μm（0.0025mm）以下の微粒子をPM2.5と呼び、成分は、炭素、硝酸塩などで、黄砂とは成分がまったく異なる。

→ガソリン車やボイラー、鉄を精錬する高炉など、燃焼する機関から排出される物質が原因となっている。

→PM2.5は、呼吸器内に付着して体外に出にくいので、ヒトの健康に大きな影響を与えると考えられている。

→不織布のマスクのすきまが３〜５μmなので、それより大きさが小さいPM2.5はマスクを通り抜けてしまう。

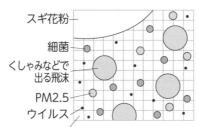

スギ花粉
細菌
くしゃみなどで出る飛沫
PM2.5
ウイルス
マスクのすきま
※図の粒子は、およその大きさで表している。

注意 ⚠

黄砂

東アジアの砂漠や黄土地帯から強風により吹き上げられた砂が偏西風によって運ばれ、日本まで飛んできたものが黄砂である。大きさが2.5μm以下であれば、黄砂もPM2.5とみなされる。

メモ

春にPM2.5が多い理由

春にPM2.5の飛来が多くなるのは、冬の間、南のほうに下がっていたジェット気流（偏西風の中でも一番強い風）が、春になると日本上空近辺に上がってくるためである。また、PM2.5の発生源は中国だけでなく日本の国内にもあるので、PM2.5は一年中計測されている。

オススメの一冊

荒木健太郎『すごすぎる天気の図鑑　空のふしぎがすべてわかる！』
（KADOKAWA、2022）

〇 PM2.5って何？

A **大きさが2.5μm以下の微小粒子状物質をPM2.5といい、春に大陸から偏西風にのって飛来するものが多い。**

★対策としては、できるだけ外出をひかえる、窓は閉めておく、可能であれば高性能な防じんマスクをする、などが考えられるよ。

なるほどサイエンス

> チバニアンを
> ゆるキャラだと
> 思ってるな
> …

> どうぞ
> どうぞ

> かわいいよね
> チバニアン
> 私も
> すきなのよ

> わぁ〜
> ありがとう
> 悪いわね〜

うーん。どう見ても、普通（ふつう）の地層（ちそう）だけどなあ。この地層（ちそう）が、どうしてそんなに
すごいのだろう？

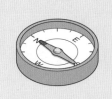

ページをめくる前に考えよう
ヒントQUIZ

方位（ほうい）を知る道具（どうぐ）の1つに、方位磁針（ほういじしん）があります。方位磁針（ほういじしん）のN極（きょく）が指（さ）すのは南（みなみ）？北（きた）？

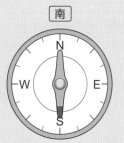

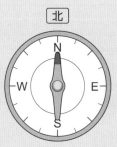

南　北

※答えは次のページ

A　地球の中の磁石が入れかわっていることがわかったから。

地球の中の磁石が入れかわったことが、どうして地層からわかるの？

地層の中の、磁石の性質をもつ小さな鉱物の並び方からわかるよ。

教科書を見てみよう！

理科

「地層、地磁気の逆転」

おもに中学1年理科を参考に作成

● **地質年代**
地層から見つかる化石のちがいなどから、古生代、中生代、新生代などのように地球の時代が区分されていて、これらを**地質年代**という。

● **示準化石**
地層ができた時代を推定できる化石を**示準化石**といい、次のような化石がある。
・古生代…フズリナ、サンヨウチュウ
・中生代…恐竜、アンモナイト
・新生代…ビカリア、ナウマンゾウ

5.4億年前	2.5億年前	0.66億年前	
		新生代	
古生代	中生代	第三紀	第四紀
フズリナ	恐竜	ビカリア	ナウマンゾウ
サンヨウチュウ	アンモナイト		

● **地球の磁場**
方位磁針のN極が北を向くのは、地球が大きな磁石（北極側がS極）になっているからである。地磁気（N極とS極）の逆転からも、地質年代の区分が推測できる。

つまり、こういうこと

千葉県市原市にある地層の研究で、地磁気（N極とS極）が約77万4000年前に逆転したことがわかったから。

「チバニアン」は、史上初の、日本の地名がつけられた年代区分となった。

主な地質年代区分

46億年前							現在
地球誕生	先カンブリア時代	古生代	中生代			新生代	
			三畳紀	ジュラ紀	白亜紀	第三紀	第四紀

古第三紀・新第三紀（ジェラシアン・カラブリアン・チバニアン）／更新世（前期・中期・後期）・完新世

77万4千年前　12万9千年前

千葉県ホームページより

※答えは次のページ

書いて身につく! おさらいワーク

1

次の文章は、地球の年代区分について述べたものです。[　　]内の、灰色の文字をなぞりましょう。

> 地層から見つかる化石のちがいなどから地球の時代が区分されていて、これを㋐［ 地質年代 ］という。地質年代は、約５億4000万年前から約２億5000万年前までの㋑［ 古生代 ］、約２億5000万年前から約6600万年前までの㋒［ 中生代 ］、約6600万年前から現在までの㋓［ 新生代 ］などに区分されている。

2

下の図は、地球の年代区分を表にまとめたものです。図中の㋐～㋓にあてはまる語句を、右の[　　]から選んで、A～Dの記号を[　　]に書きましょう。

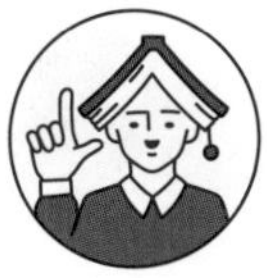

新生代は、さらに細かく区分されているんだね!

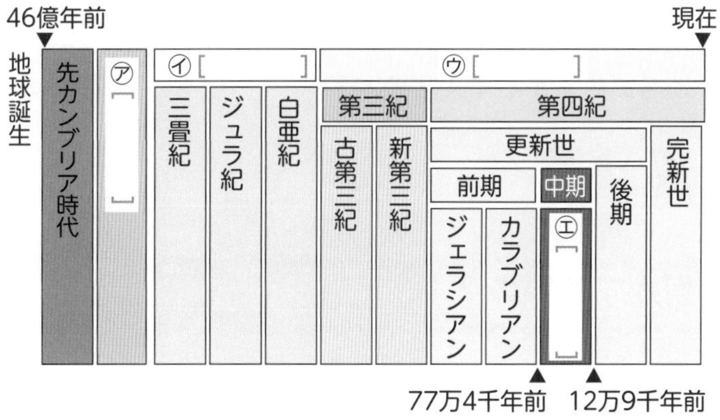

A　新生代
B　チバニアン
C　古生代
D　中生代

3

地球には地磁気があり、大きな磁石になっています。現在の地球は、どのような磁石になっているでしょう。正しいほうを右の㋐、㋑から選び、[　　]に○を書きましょう。

㋐ [　　]　㋑ [　　]

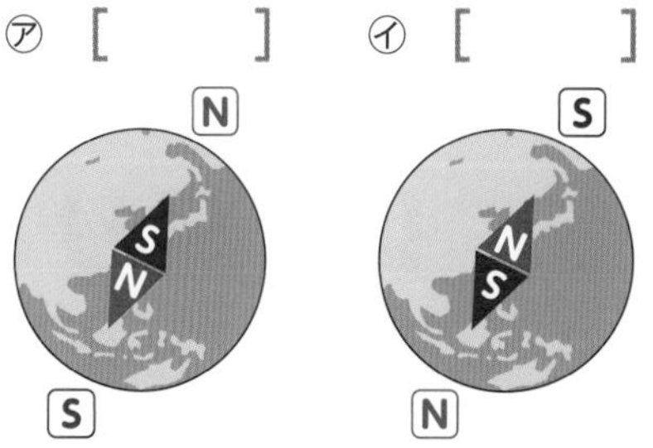

まとめ

●地質年代

ある時代の、特徴のある環境や栄えた生物をもとにした時代区分を**地質年代**といい、**古生代**、**中生代**、**新生代**などに区分されている。

●示準化石

地層ができた時代を推定できる化石を**示準化石**という。示準化石には、広い範囲にわたって限られた時代だけに生息していた生物の化石が適している。

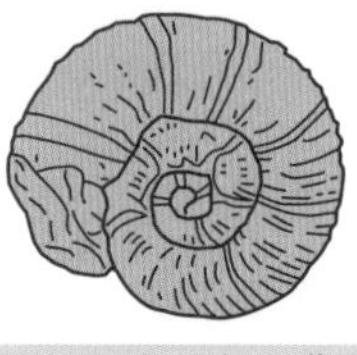

アンモナイトの化石

たとえば、アンモナイトの化石は中生代の示準化石である。

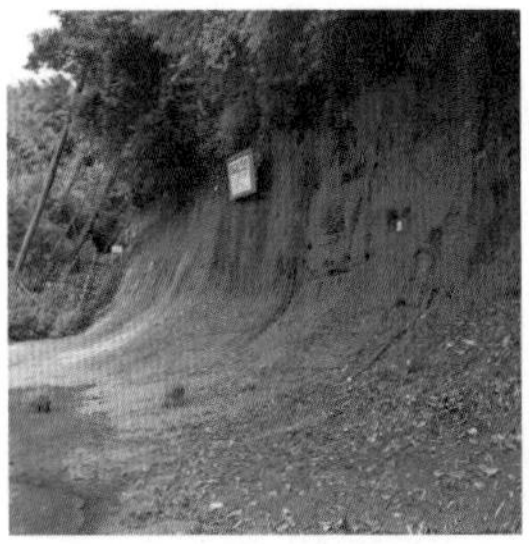

●チバニアン（千葉時代）

地質年代のうち、まだ名前が決まっていなかった約77万4000年～12万9000年前の年代を、国際機関から「チバニアン」と名付けられ、史上初の日本の地名に由来する年代区分となった。

注意 ⚠

示相化石

示準化石に対して、地層ができた当時の環境が推定できる化石を示相化石という。示相化石には、アサリやハマグリ（浅い海）、サンゴ（あたたかくて浅い海）などがある。

メモ

地磁気の方向がわかる理由

砂や泥が海底で堆積するときに、磁石の力をもつ鉱物の粒（結晶）は、一定の方向にそろって並ぶ。地層の中の鉱物の結晶の向きを調べることで、地球のN極、S極の方向を知ることができる。

オススメの一冊

菅沼悠介『地磁気逆転と「チバニアン」 地球の磁場は、なぜ逆転するのか』
ブルーバックス（講談社、2020）

Q チバニアンって、何がすごいの？

A 約77万4000年前に、地球のN極とS極が最後に逆転したことを、地層からはっきりと判断することができたから。

★千葉県市原市の養老川沿いにある地層の研究で、地層の上部では現在と同じ磁気の向きを示しているのに対して、地層の下部では逆になっていることがわかったんだ。

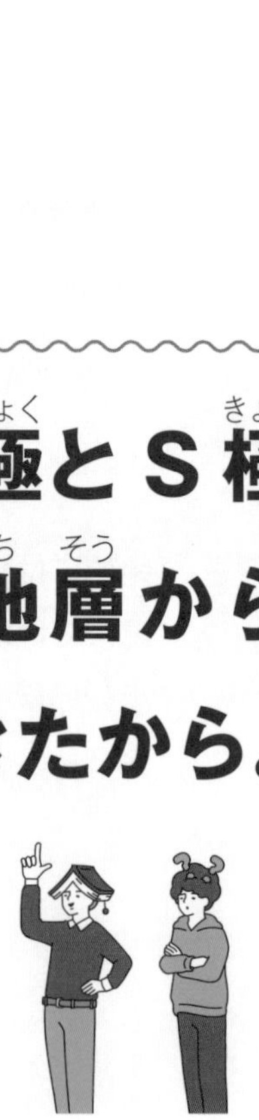

おさらいワークの答え：[2] ㋐C ㋑D ㋒A ㋓B [3] ㋑に○

なるほどサイエンス

Q 惑星が「惑う星」なのはなぜ?

惑星って、惑うっていう不思議な文字を使っているよね。
金星や火星などの惑星が、なんで「惑う星」なんだろう?

ページをめくる前に考えよう

ヒントQUIZ

夜空に明るく輝く金星ですが、夜ならいつでも見えるわけではありません。金星はいつ見える?

※答えは次のページ

夕方　　真夜中　　明け方

A ほかの星と動き方がちがうから。

地球の動きで星の位置が変わっていくんだから、みんな同じじゃないの？

惑星は、地球との位置関係で、動きが逆になったりするんだよ。

教科書を 見 てみよう！

理科

「惑星」

おもに中学3年理科を参考に作成

● 惑星

太陽のように、自ら光を放つ天体を恒星、太陽のような恒星のまわ

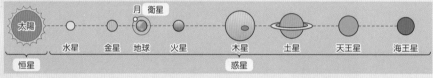

太陽 | 水星 金星 地球 火星 木星 土星 天王星 海王星
月 衛星
恒星 | 惑星

りを公転する天体を惑星、月のように惑星のまわりを公転する天体を衛星という。惑星、衛星は、自ら光を出さず、太陽の光を反射して光って見える。

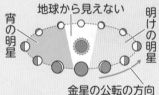
宵の明星
地球から見えない
明けの明星
金星の公転の方向
夕方の地点
自転の方向　明け方の地点

● 金星の見え方

金星は、地球から見ると月のように満ち欠けし、大きさが変わって見える。
また、地球の内側を公転しているので、明け方（明けの明星）か夕方（宵の明星）にしか見ることができない。

つまり、こういうこと

惑星は、太陽のまわりを公転しているので、規則正しく動く星とちがって、複雑な動きをするから。

惑星は、ほかの星の中を行ったり来たりするように見える。

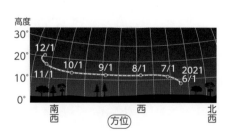
高度
30°
20°
10°
0°
12/1 11/1 10/1 9/1 8/1 7/1 2021 6/1
南西 西 北西
方位

ヒントQUIZの答え：夕方、明け方

※答えは次のページ

書いて身につく！ おさらいワーク

1

次の文章は、天体について述べたものです。㋐～㋒の[　　]にあてはまる言葉を書きましょう。

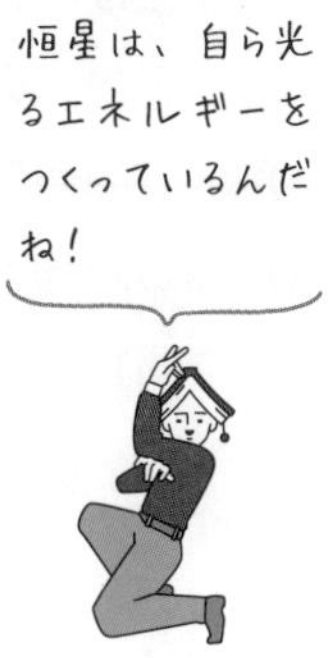
恒星は、自ら光るエネルギーをつくっているんだね！

太陽のように、自ら光を出す天体を㋐ [　　　　　　] という。星座をつくる星は、すべて㋐である。また、太陽のまわりを公転している、地球をふくむ 8 つの天体を㋑ [　　　　　　] といい、月のように㋑のまわりを公転している天体を㋒ [　　　　　　] という。

2

次の図は、太陽のまわりを公転している惑星です。㋐～㋒の[　　]にあてはまる惑星の名前を書きましょう。

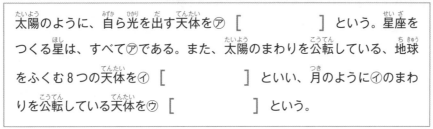

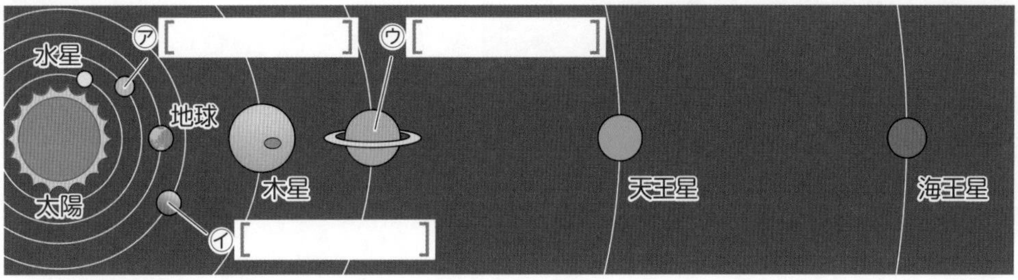
㋐[　　　　]
㋒[　　　　]
水星
地球
太陽
木星
天王星
海王星
㋑[　　　　]

3

図 1 は、太陽のまわりを公転する金星と地球を模式的に表したものです。金星は、月と同じように満ち欠けをし、また、地球からの距離によって見える大きさが異なります。㋐～㋓にあてはまる金星を下から選び、[　　]に A ～ D の記号を書きましょう。必要があれば、図 2 も参考にしましょう。

A
B
C
D

図 1

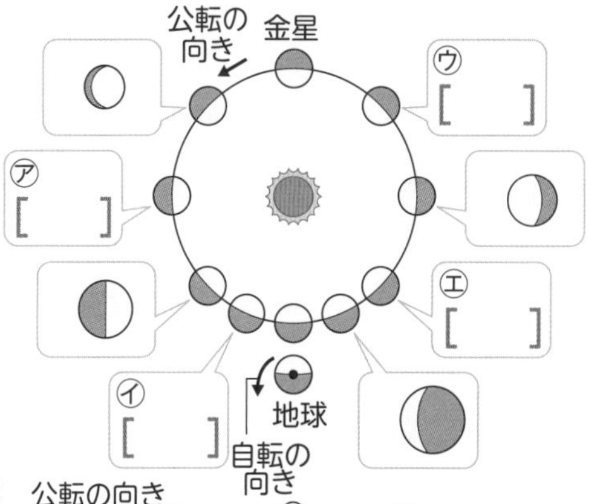
公転の向き
金星
㋒ [　]
㋐ [　]
㋓ [　]
㋑ [　]
地球
自転の向き

図 2

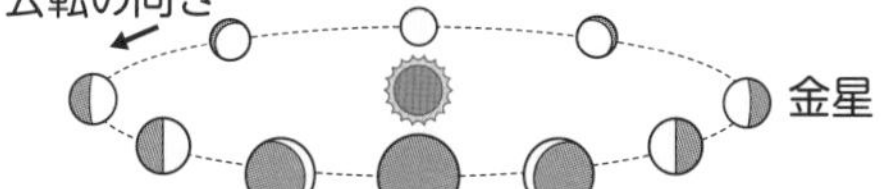
公転の向き
金星

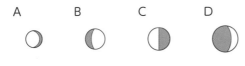

まとめ

●惑星

8つの惑星のうち、水星・金星・地球・火星は**地球型惑星**といい、直径は小さいが、岩石でできているため、密度が大きい。木星・土星・天王星・海王星は**木星型惑星**といい、直径は大きいが、表面が気体でできているため、密度が小さい。また、太陽からの距離が遠い惑星ほど、公転周期（太陽のまわりを1周する時間）が長い。

●火星の動き

惑星の動きが「惑う」ように見えることがあるのは、地球と惑星の公転周期が異なるからである。下の図では、7～9月の間に地球では火星が逆向きに進んで見える。

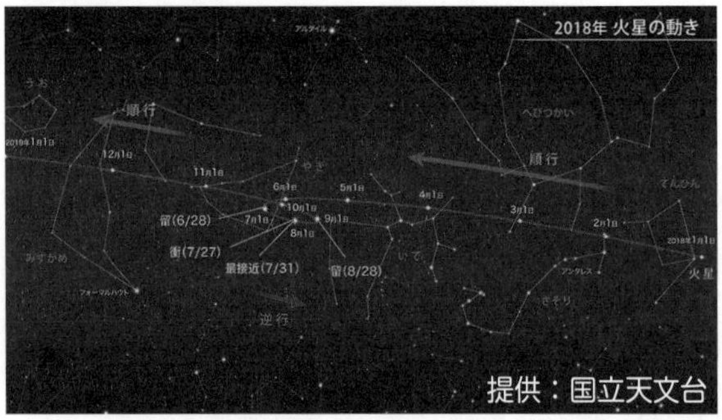

提供：国立天文台

注意⚠

めい王星
長い間、9番目の惑星とされてきたが、2006年、惑星の定義が定められ、太陽系から外され、太陽系外縁天体とよばれるグループに分類された。

メモ

すい星
太陽のまわりを細長いだ円軌道で公転している天体。氷やちりが集まってできた天体で、太陽に近づくと、氷がとけ，ガスやちりが放出され、尾をつくることがある。

オススメの一冊

森山晋平：著　多摩六都科学館天文チーム：監修『世界でいちばん素敵な宇宙の教室』
世界でいちばん素敵な教室
（三才ブックス、2017）

Q 惑星が「惑う星」なのはなぜ？

A 火星などの惑星は、お互いの位置関係によって逆の方向へ動いて見えることがあるから。

★「惑う」とは「ふらふらさまよう」という意味。また、恒星の「恒」という文字には、「変わらない」という意味があるんだよ。

おさらいワークの答え：[1]㋐恒星　㋑惑星　㋒衛星　[2]㋐金星　㋑火星　㋒土星
[3]㋐B　㋑D　㋒A　㋓C

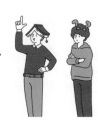

なるほどサイエンス

Q 星占いは、なぜ星座ごとに分けられているの？

テレビで星占いの画面になると、つい気になっちゃう！
それにしても、12の星座に分けられているのはなぜなのだろう？

ページをめくる前に考えよう
ヒントQUIZ

地球は、1日に1回自転していると同時に、太陽のまわりを公転しています。地球の公転周期（太陽のまわりを1周するのにかかる時間）は1年、2年のどちら？

※答えは次のページ

何年で1回公転？

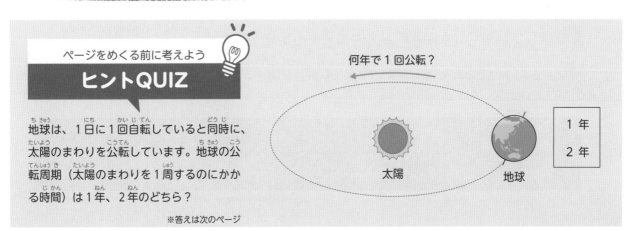

太陽　　　地球

| 1 年 |
| 2 年 |

A ⟨ 太陽と同じ方向に見える星座が、月ごとに変わるから。

太陽と同じ向きに見える星座？ どういう意味かわからないよ！

つまり、太陽の向こう側にある星座 ということなんだ。

教科書を 見 てみよう！

理科

「黄道12星座」

おもに中学3年理科を参考に作成

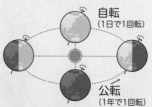
自転（1日で1回転）
公転（1年で1回転）

● **星の動き**
①地球の自転により、時間とともに、星は東から西へ移動する（日周運動）。
②地球の公転により、日がたつにつれ、星は東から西へ移動する（年周運動）。

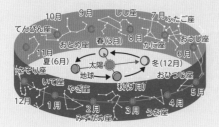
10月 9月 しし座 7月 ふたご座
てんびん座 春(3月)
おとめ座 8月 おうし座
11月 夏(6月) 太陽 冬(12月) かに座 6月
さそり座 地球 秋(9月) おひつじ座
いて座 やぎ座 5月
12月 1月 2月 3月 うお座 4月
みずがめ座

● **黄道**
地球の公転によって、地球から見た太陽は、星座の中を動いていくように見える。このような、星座の中の太陽の通り道を黄道という。
左の図では、太陽が、夏はおうし座の方向に（→）、秋はしし座の方向（→）にある。

つまり、こういうこと

1年を通して、毎月、太陽と同じ方向に見える星座が異なる。

星占いの星座は、誕生日のある月に、太陽がどの星座の方向に位置するかを示したものである。黄道上にある星座を、**黄道12星座**という。

黄道
12月 さそり座
11月 てんびん座
10月 おとめ座
9月 しし座
8月 かに座
7月 ふたご座
6月 おうし座
5月 おひつじ座
4月 うお座
3月 みずがめ座
2月 やぎ座
1月 いて座

書いて身につく！ おさらいワーク

1

下の図は、星の日周運動を観察しているようすを表したものです。それぞれの方位で、空に見える星は時間とともにどのように動いて見えるでしょうか。右のA～Dから1つずつ選び、㋐～㋓の［　　］に記号を書きましょう。

東の空 ㋐［　　］

南の空 ㋑［　　］

西の空 ㋒［　　］

北の空 ㋓［　　］

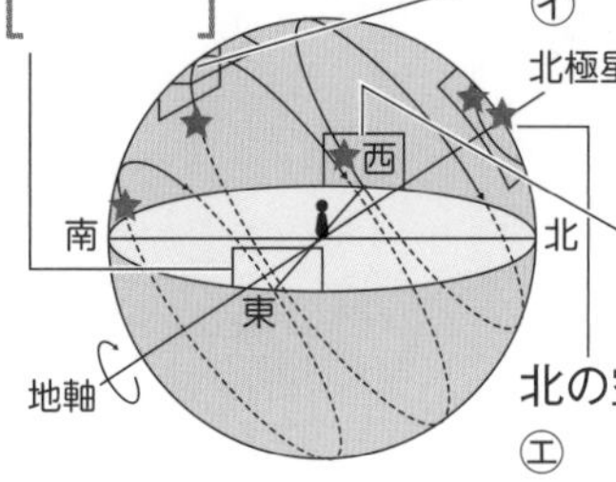
北極星
南
北
西
東
地軸

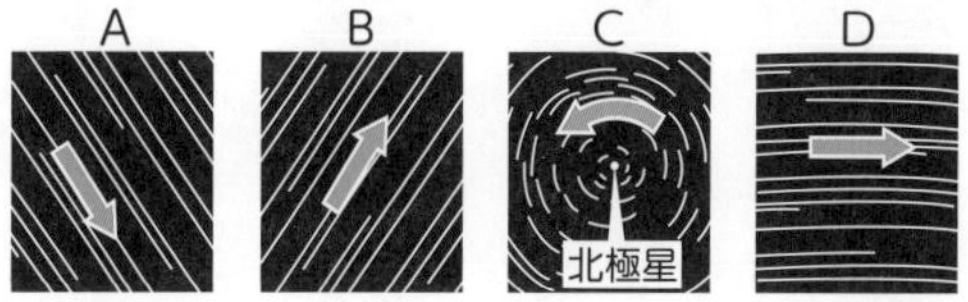
A
B
C
D
北極星

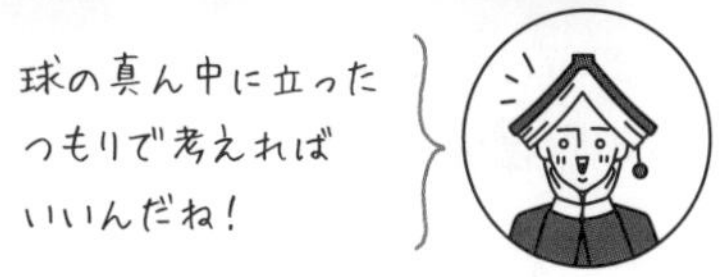
球の真ん中に立ったつもりで考えればいいんだね！

2

右の図は、7月、8月、9月のそれぞれ14日の午後9時のさそり座のようすを表しています。この図について述べた次の文章の㋐、㋑で、正しいほうを○で囲みましょう。

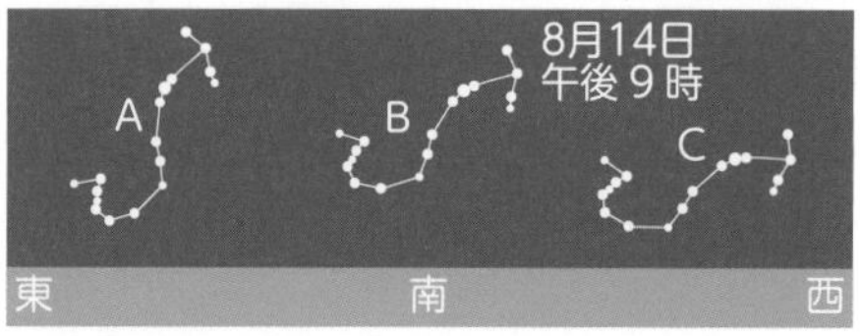
8月14日
午後9時
A
B
C
東
南
西

星座が、日がたつごとに東から西へ動いて見えるのは、地球の㋐［ 自転・公転 ］が原因である。7月から9月まで、さそり座は㋑［ A→B→C・C→B→A ］と動く。

3

右の図は、黄道付近にある星座を表したものです。次の文を読み、正しいものには○、まちがっているものには×を［　　］に書きましょう。

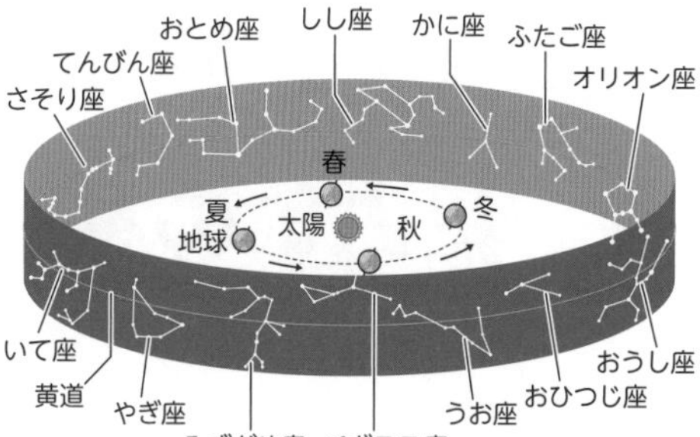
おとめ座
しし座
かに座
ふたご座
てんびん座
オリオン座
さそり座
春
夏
太陽
秋
冬
地球
いて座
おうし座
黄道
やぎ座
うお座
おひつじ座
みずがめ座
ペガスス座

㋐［　　］星座の中の太陽の通り道を黄道という。

㋑［　　］秋に、太陽の方向にある星座は、しし座やおとめ座である。

㋒［　　］夏は、夜中にふたご座がよく見える。

まとめ

●星の動き

① 地球は、1日に1回、西から東へ**自転**している。そのため、星は1時間に15度、東から西へ動いて見える（**日周運動**）。

② 地球は、1年に1回、太陽のまわりを**公転**している。そのため、星は1か月に約30度、東から西にずれて見え、夜に見える星座は季節とともに変わっていく（**年周運動**）。

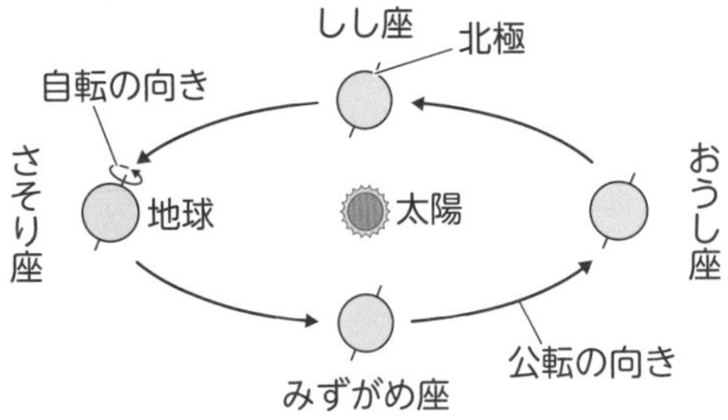

●黄道

太陽は、星座の間を少しずつ動いていき、1年で1周する。天球上の太陽の見かけの通り道を**黄道**という。

黄道上にある星座を、**黄道12星座**といい、これらが星占いで使われる誕生星座である。

注意 ⚠

オリオン座、ペガスス座

オリオン座やペガスス座は、季節を代表する星座であるが、黄道上にないので、黄道12星座にはふくまれない。

メモ

星の出入り、南中時刻

地球が太陽のまわりを公転しているため、星の出入り、南中時刻は、1か月に2時間ずつ早くなる。

メモ

太陽の方向の星座がなぜわかる？

太陽が出ている間は星座が見えない。太陽が沈んだすぐあとの西の空に見られる星座を調べると、太陽が何の星座の位置にあるかを知ることができる。

オススメの一冊

講談社：編集　渡部潤一：監修『星と星座』講談社の動く図鑑 MOVE（講談社、2015）

Q 星占いは、なぜ星座ごとに分けられているの？

A 太陽と同じ方向に見える黄道12星座を、星占いの星座と対応させているから。

★星占いの元になった西洋占星術の起源は、紀元前1000年以上も前なんだって！　ずいぶん昔からあるんだね。

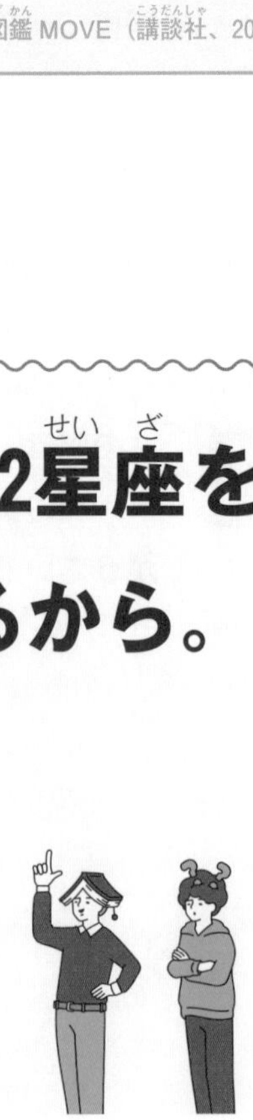

おさらいワークの答え：[1]㋐B　㋑D　㋒A　㋓C　[2]㋐公転を○で囲む。　㋑A→B→Cを○で囲む。
[3]㋐○　㋑○　㋒×

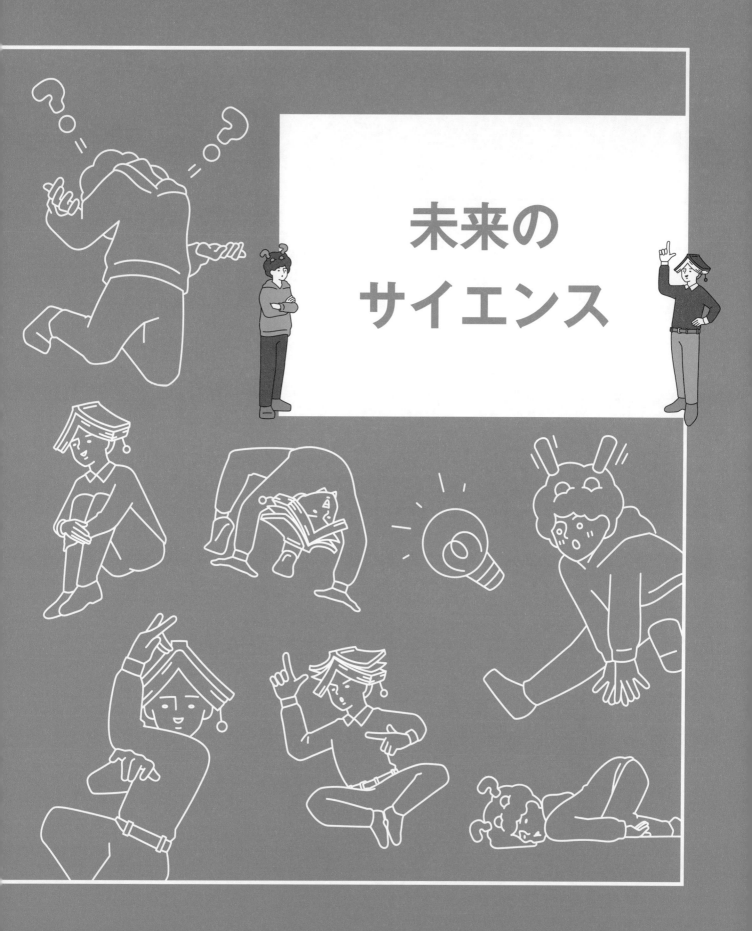

未来の
サイエンス

未来のサイエンス

Q おぼれそうになったとき、どうすればいい？

イヤ
沈むから
泳げよ

泳ぎがあんまりうまくないんだよなあ…。

おぼれそうになったときって、どうしたらいいんだろう？

ページをめくる前に考えよう
ヒントQUIZ

泳げない人にとって、なくてはならないものが浮き輪だね。浮き輪が水に浮くのは、中に何が入っているから？

※答えは次のページ

鉄！　　　水！　　　空気！

113

A 息をたくさん吸って、静かにあお向けになる。

息をたくさん吸うだけで
浮きやすくなるなんて、あり得るの？

水に浮くかどうかは、ものの体積と
重さに関係があるんだよ。

教科書を 見 てみよう！

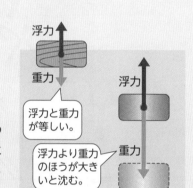

「浮力」

おもに中学3年理科を参考に作成

● **水中にある物体にはたらく力**

地球上の物体には、すべて重力（下向き）がはたらいている。

また、水中にある物体には、重力のほかに、重力とは反対向き（上向き）の浮力がはたらいている。そして、浮力が重力よりも大きいとき、物体は水に浮き上がる。浮き上がった物体が静止しているとき、浮力と重力がつり合っている。

浮力
重力
浮力と重力
が等しい。

浮力
重力
浮力より重力
のほうが大き
いと沈む。

● **浮力の大きさ**

浮力の大きさは、物体の水中部分の体積によって決まるので、水中にある体積が大きいほど、浮力も大きい。

つまり、同じ体重ならば、体の体積を大きくすれば、浮力は大きくなる。

つまり、こういうこと

息を吸って、体の体積を増やせば、浮力が大きくなって浮きやすくなる。

吸った空気は、肺に入る。大きく息を吸って肺を風船のようにふくらませると浮力も大きくなる。

→あわてず、手足を広げて静かにあお向けになると浮きやすくなる。

力を抜き、あごを
少し上げ、手足を
広げて体を反らす。

ヒント QUIZ の答え：空気

書いて身につく！ おさらいワーク

1 右の図は、呼吸に関するヒトの体のつくりを表したものです。また、下の文章は、息を吸うときのようすについてまとめようとしたものです。[　]内の、灰色の文字をなぞりましょう。

肺は薄い膜でできていて、
自分の力でふくらむんじゃないんだよ。

㋐ [ろっ骨] が上がり、㋑ [横かく膜] が下がると、胸の中の容積が大きくなる。

胸の中の容積が大きくなると、鼻や口から空気がとりこまれ、㋒ [気管] から㋓ [気管支] を通って㋔ [肺] に空気が入っていく。

2 下の図は、重力と浮力の関係についてまとめようとしたものです。下の文の[　]にあてはまる言葉を、右の□□□から選んで書きましょう。

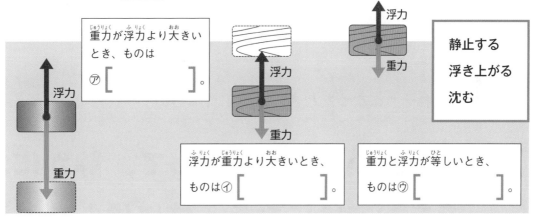

重力が浮力より大きいとき、ものは ㋐ [　　　　　]。

浮力が重力より大きいとき、ものは㋑ [　　　　　]。

重力と浮力が等しいとき、ものは㋒ [　　　　　]。

静止する
浮き上がる
沈む

3 次の[　]にあてはまる言葉を書きましょう。
浮力の大きさは、ものの重さで決まるのではなく、水中に沈んでいる部分の[　　　　　]によって決まる。

まとめ

● **浮力の大きさ**

浮力は、水面より下にある部分の体積で決まる。大きな船が沈まないのは、船体が水中に深く入ることで、船の水面下の体積が大きくなり、浮力が大きくなるからである。

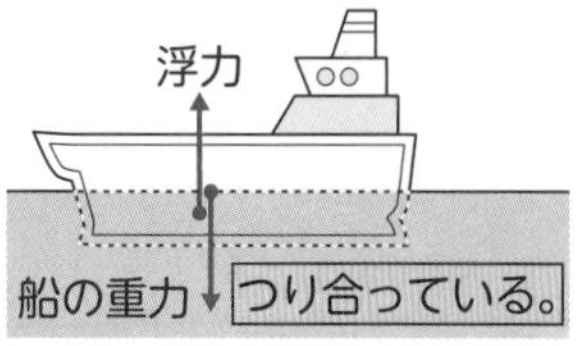
浮力
船の重力
つり合っている。

● **浮力が生じる理由**

水中にある物体は、あらゆる方向から、水の重さによる**水圧**を受けている。下面に加わる水圧のほうが、上面に加わる水圧より大きい。その水圧の差によって浮力が生じる。

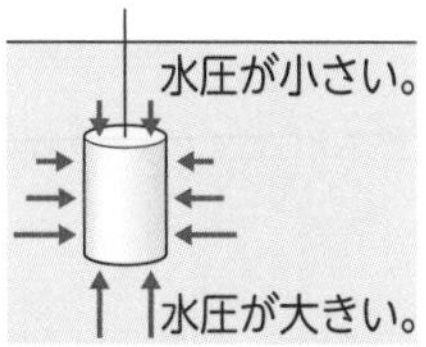
水圧が小さい。
水圧が大きい。

● **アルキメデスの原理**

物体には、その物体がおしのけた液体の重さと同じ大きさの浮力が加わる。水1cm³＝1g（4℃）なので、250cm³の物体が水中にあるとき、250gの浮力が物体にはたらくことになる。

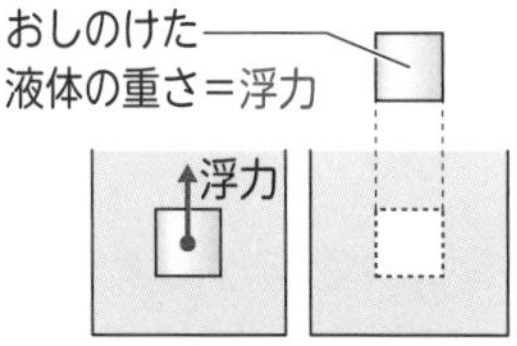
おしのけた
液体の重さ＝浮力
浮力

注意 ⚠

浮力と深さの関係

浮力は体積だけで決まるので、深さは関係しない。物体が水中にあるとき、物体の上面と下面にはたらく水圧の差は、深さとは無関係である。

メモ

海水のほうが浮かびやすい理由

海水は、1cm³の重さが1.02～1.03gで、水よりも重い。真水（淡水）より海水のほうが浮かびやすいのは、おしのけた液体の重さが水より重く、浮力が大きくなるからである。

オススメの一冊

左巻健男『面白くて眠れなくなる物理』（PHP研究所、2012）

[Q] おぼれそうになったとき、どうすればいい？

[A] 息を胸いっぱいに吸って、静かに水面であお向けになる。体にはたらく浮力が大きくなり、水に浮きやすくなる。

★浮き輪のように体がぷかぷか浮かぶわけじゃなくて、体全体の２％だけ水面に出るそうだよ。でも、顔さえ水面から出ていれば、鼻や口で呼吸ができるよね。あわてない！

おさらいワークの答え：[2] ㋐沈む ㋑浮き上がる ㋒静止する [3] 体積

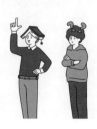

未来のサイエンス

Q ペットのミドリガメを池に放しちゃいけないの?

買ったときは小さかったけど、ずいぶん大きくなっちゃったなあ。
池に放してやりたいけど、なんでダメなんだろう?

ページをめくる前に考えよう
ヒントQUIZ

生物には、もとから日本にすんでいるものと、外国から来たものがいます。ミドリガメは日本にいた生き物? 外国から来た生き物?　　　※答えは次のページ

日本にいた生き物

外国から来た生き物

A 外来種がよくないことを引き起こすから。

ミドリガメって、おとなしそうな生き物だけど、何をするの？

いろいろなものを大量に食べるので、自然のバランスがくずれるんだ。

教科書を見てみよう！

「外来生物」

おもに中学3年理科を参考に作成

アライグマ　ミドリガメ

●**外来生物（外来種）**
本来は生息していなかった地域に、ほかの地域から人間の活動によって移入され、定着した生物を**外来生物（外来種）**という。
例：アライグマ、ミドリガメ（ミシシッピアカミミガメ）、オオクチバス

ヤンバルクイナ　ニホンカモシカ

●**在来生物（在来種）**
その地域に、もともと生息している生物を在来生物（在来種）という。
例：ヤンバルクイナ、ニホンカモシカ

●**自然環境と人間の活動**
フロン類によるオゾン層の破壊、石油や石炭などの大量消費で起こる酸性雨、窒素化合物などをふくむ生活排水が海や湖に流れ込むことで起こる赤潮などの問題が起こっている。

つまり、こういうこと

外来生物は、自然のバランスを崩したり、ほかの生物のエサを奪ったりするから。

ミドリガメは、水草やもともとすんでいる生物を大量に食べたり，レンコン畑やイネを荒らしたりといった被害をもたらしている。

外来生物

オオクチバス　マングース

グリーンアノール　ヒアリ

書いて身につく! おさらいワーク

1 外来生物に対して、もともとその地域に生息する生物を在来生物といいます。次の㋐〜㋓の生物について、外来生物にはＡを、在来生物にはＢを、[　　　]に書きましょう。

㋐ [　　　]　　㋑ [　　　]　　㋒ [　　　]　　㋓ [　　　]

アライグマって、かわいいんだけどな〜!

ミドリガメ

ヤンバルクイナ

アライグマ

ヒアリ

2 次の㋐〜㋒は、日本国内に持ちこまれた外来生物です。㋐〜㋒の生物の影響について説明した文として正しいものを㋔〜㋕から選び、線でつなぎましょう。

㋐　マングース　●

●　㋔　河川や湖沼に放流され、魚類や甲殻類、昆虫類などを捕食するので、水の中に生息している在来生物の数を減少させている。

㋑　オオクチバス（ブラックバス）　●

●　㋕　沖縄で、毒ヘビであるハブの駆除を目的に放されたが、在来生物であるヤンバルクイナを食べ、その数を減少させている。

㋒　グリーンアノール　●

●　㋖　小笠原諸島にペットとして持ちこまれて野生化し、もともとすんでいた昆虫の数を激減させている。

3 次の文は、人間の活動と自然環境について述べたものです。正しいものには〇、まちがっているものには×を[　　　]に書きましょう。

㋐ [　　　] 酸性雨が野外の金属の像などに降りかかっても、影響はまったくない。

㋑ [　　　] 海や湖のプランクトンが異常に大発生して、赤潮という現象が起こることがある。

㋒ [　　　] オゾン層が破壊されると、地表に届く紫外線の量が増加する。

まとめ

●外来生物（外来種）

ほかの地域から人間の活動によって移入され、定着した生物を**外来生物（外来種）**という。

●オゾン層の破壊

フロン類による**オゾン層の破壊**により、地表に届く紫外線が増加し、皮膚ガンや白内障が増えると考えられている。

●酸性雨

酸性雨は、金属の像を腐食させたり、湖沼に流れ込んで生態系に大きな影響を及ぼしたりする。

●赤潮・アオコ

プランクトンが大発生して起こるもので、**赤潮・アオコ**により水中の酸素濃度が低下し、魚が大量に死ぬことがある。

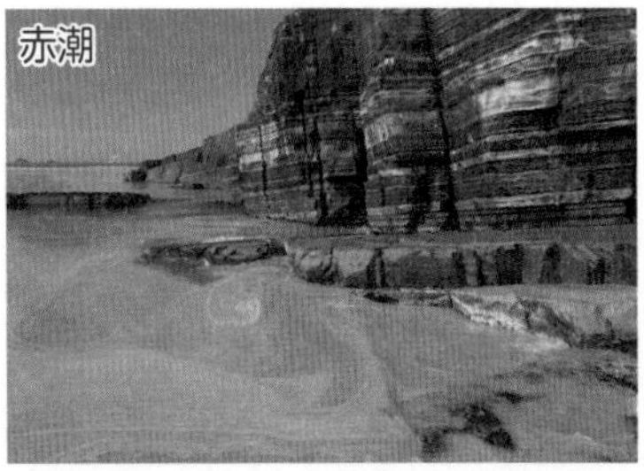

注意 ⚠

日本から外国へ

日本から外国へ広まった外来生物も存在する。ワカメ、コイなどは、大繁殖して国外の生態系に影響を与えている。

メモ

特定外来生物

外来生物のうち、人の生命や農林水産業などに被害を及ぼすおそれのあるものを特定外来生物という。特定外来生物に指定されると、①輸入、②飼育や運搬、③野外に放つことが禁止される。オオクチバス、アライグマ、グリーンアノール、ヒアリなどは特定外来生物である。ミドリガメ（ミシシッピアカミミガメの子）とアメリカザリガニは、2023年6月に「条件付特定外来生物」に指定された。

オススメの一冊

さのかける：まんが　加藤英明：監修『ゆるゆる外来生物図鑑』（Gakken、2019）

[Q] ペットのミドリガメを池に放しちゃいけないの？

[A] ミドリガメは、生態系を乱し、農作物にも被害を与えているから。

★「条件付特定外来生物」に指定されたけど、飼うことはできるよ。でも、池に放すと罰則の対象になるそうだ。責任をもって飼おう！

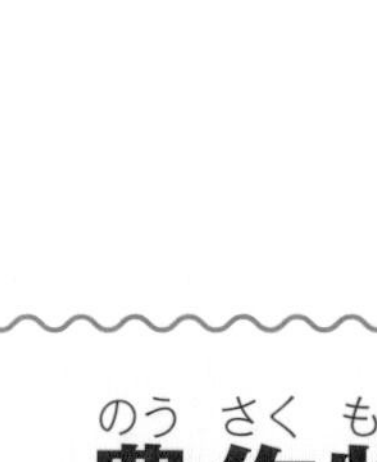

おさらいワークの答え：[1]㋐A　㋑B　㋒A　㋓A　[2]㋐と㋔、㋑と㋓、㋒と㋕を線で結ぶ。
[3]㋐×　㋑○　㋒○

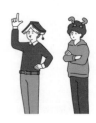

Q 異常気象が多くなってきたのはなぜ？

大雨や干ばつなどの異常気象が増えてきてるって報道していたよ。

いったい、地球はどうなってしまうのだろう？

ページをめくる前に考えよう
ヒントQUIZ

世界各地で、大雨や干ばつなどの異常気象が多くなっています。南極の氷は多くなっている？　少なくなっている？

※答えは次のページ

地球の平均気温が少しずつ変わってきたから。

どうして地球の平均気温が変わってきたのかな？

太陽から受けた熱が、宇宙に出ていきにくくなってしまったんだね。

教科書を見てみよう！

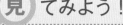

理科

「地球温暖化と異常気象」

おもに中学3年理科を参考に作成

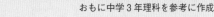

● 地球温暖化
大気中の二酸化炭素などの温室効果ガスの濃度が増えることにより、地球の平均気温が上昇することを地球温暖化という。

● 温室効果ガス
二酸化炭素、メタンなどの温室効果をもつ気体を温室効果ガスという。

● 地球温暖化の原因
森林の大規模な伐採，化石燃料の大量消費など。

● 地球温暖化の影響
海水面の上昇による浸水・低地の水没、異常気象（洪水や干ばつ）など。

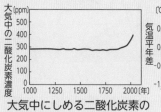

大気中にしめる二酸化炭素の体積の割合の変化（濃度の変化）
「気候変動監視レポート（2001、2017）」より

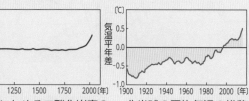

北半球の平均気温の推移
気象庁の資料より

つまり、こういうこと

温室効果ガスによって、地球の平均気温が上がったから。

大型台風、豪雨などは、気温上昇により、海や地面から蒸発する水分が増加したことが原因と考えられている。

熱

太陽光

地球

温室効果ガス

温室効果ガスが、宇宙へ出ていく熱をさまたげる。

地球が、布団をかぶったのと同じだね。

 ヒントQUIZの答え：少なくなっている。

※答えは次のページ

書いて身につく! おさらいワーク

1 次の文章は、地球の環境の変化について述べたものです。⑦、⑦の[　　]にあてはまる言葉を書きましょう。

> 右のグラフからもわかるように、地球の平均気温は上昇している。この現象を⑦ [　　　　　　　　　　]
> といい、この現象をもたらす気体をまとめて
> ⑦ [　　　　　　　　　　] という。

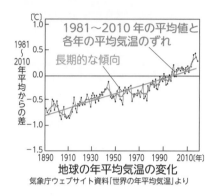

地球の年平均気温の変化
気象庁ウェブサイト資料「世界の年平均気温」より

2 地球温暖化を引き起こす温室効果ガスのうち、二酸化炭素やメタンはどのような原因で増えるでしょうか。正しいものには〇、まちがっているものには×を[　　]に書きましょう。

家畜のゲップも、けっこう深刻らしい……。

⑦ [　　　] 大規模な森林の伐採を行う。

⑦ [　　　] 石油や石炭、天然ガスなどの化石燃料を大量に燃やす。

⑦ [　　　] 照明は、蛍光灯や白熱電球ではなく、LEDライトを使用する。

⑦ [　　　] ウシなどのゲップで出された気体が大気中に拡散する。

3 次の⑦～⑦は、地球温暖化によって考えられる影響です。⑦～⑦の現象が起こる原因として考えられるものを⑦～⑦から選び、線でつなぎましょう。

⑦ 海水面の上昇 ●

⑦ 異常気象 ●

⑦ 伝染病の増加 ●

⑦ 農作物の減少 ●

● ⑦ 洪水によって衛生状態が悪くなり、水はけも悪いために、蚊の発生数が増加するから。

● ⑦ 氷河や南極の氷がとけたり、海水が膨張したりするから。

● ⑦ 植物がよく育つには、それぞれに適した温度が必要だから。

● ⑦ 海や地面から蒸発する水分が増加し、空気中にふくまれる水蒸気が増えるから。

他教科リンク 社会 133ページ どうして日本は自然災害が多いの？
他教科リンク 実技 115ページ 自然災害、自分でできる防災対策は？

まとめ

●地球温暖化

二酸化炭素やメタンなど，温室効果をもつ気体を**温室効果ガス**といい，温室効果ガスの増加により、地球の平均気温が上昇することを**地球温暖化**という。

●温室効果ガスが増える原因（おさらいワーク[2]について）

㋐　森林伐採などにより、光合成で二酸化炭素を吸収する植物が減ると、大気中の二酸化炭素の割合が多くなる。

㋓　ウシやヒツジなどのゲップには、二酸化炭素の約25倍もの温室効果があるメタンがふくまれていて問題になっている。

●地球温暖化のしくみ

A

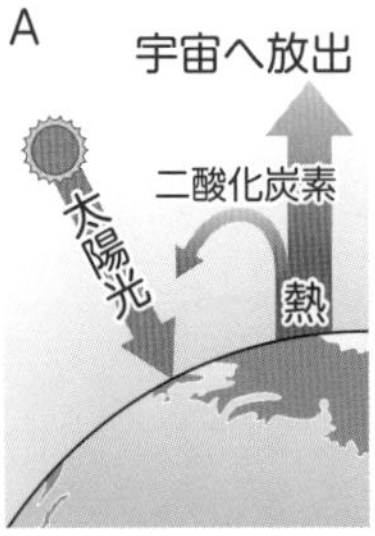

太陽光にあたためられた地表から、熱が宇宙へ放出され、一部が地表に送り返される。

B

大気中の温室効果ガスが増えると、地表に送り返される熱が多くなり、その結果、気温がAのときより高くなる。

メモ

海面上昇の影響

南太平洋にあるキリバスやツバルといった小さな島国では、海水面上昇によって、国が丸ごと海に沈んでしまうことが心配されている。

メモ

温室効果ガスの恩恵

温室効果ガスがまったくないと、地球の熱がすべて宇宙に逃げてしまうため、気温が−19℃まで下がってしまうと考えられている。温室効果ガスはなくてはならない気体ともいえる。

オススメの一冊

水野敬也、長沼直樹：著　江守正多：監修『最近、地球が暑くてクマってます。　シロクマが教えてくれた温暖化時代を幸せに生き抜く方法』（文響社、2021）

Q　異常気象が多くなってきたのはなぜ？

A　地球の平均気温が上昇すると、大気中の水蒸気量が増えて、雨量の増加や台風の大型化がもたらされるから。

★対策としては、化石燃料の消費をおさえ、再生可能エネルギー（太陽光、風力、水力、地熱など）を普及させることが必要だね！

おさらいワークの答え：[1]㋐地球温暖化　㋑温室効果ガス　[2]㋐○　㋑○　㋒×　㋓○
[3]㋐と㋕，㋑と㋗，㋒と㋔，㋓と㋖を線で結ぶ。

未来のサイエンス

Q エコカーの何がエコなの?

最近、エコカーが走っているの、よく見かけるなあ。
でも、ガソリンを使わない自動車が、どうしてエコなんだろう?

ページをめくる前に考えよう
ヒントQUIZ

電池と呼ばれるものには、いろいろな種類があります。では、水を生み出す電池の名前は?

※答えは次のページ

鉛蓄電池　　　　乾電池　　　　燃料電池

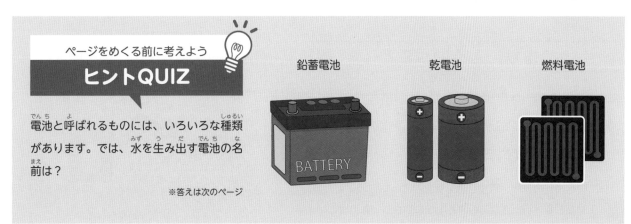

A ＞ 二酸化炭素を排出しないから。

 エコカーが走っても、なんで
二酸化炭素を排出しないのだろう？

二酸化炭素が出るのは、炭素を
ふくんだ燃料を燃やしたときだけだよ。

教科書を 見 てみよう！

 理科

「燃料電池」

おもに中学3年理科を参考に作成

● 原子と分子
物質をつくる粒子を原子という。酸素、水素は、原子が2個からなる分子という状態で存在する。

原子
HH 水素（分子）　OO 酸素（分子）

● 水
水は、酸素原子1個と水素原子2個が結びついた分子の状態（化学式でH₂O）で存在する。

H O H 水（分子）

● 燃料電池
水素と酸素を化学反応させて電気を発電する装置を燃料電池という。燃料電池は電気のほかには、水しか出さない。

$$\text{水素} + \text{酸素} \longrightarrow \text{電気エネルギー} \; \text{水}$$
$$2H_2 + O_2 \longrightarrow 2H_2O$$

HH HH　OO　H O H　H O H

● いろいろな電池
電池には、使い切りタイプの一次電池と、充電によりくり返し
使える二次電池がある。

例）一次電池：アルカリ乾電池、リチウム電池、マンガン乾電池など　　二次電池：鉛蓄電池、ニッケル水素電池など

つまり、こういうこと

水素と酸素の化学反応により電気エネルギーを
とり出す燃料電池は、地球温暖化の原因となる
二酸化炭素を出さないから。

二酸化炭素のほか、環境に悪影響を与える窒素酸化物、硫黄酸
化物なども一切出さないので、地球にやさしい動力源といえる。

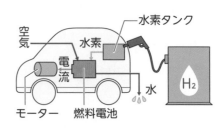

ガソリンではなく、水素が燃料なんだね！

ヒントQUIZの答え：燃料電池

※答えは次のページ

書いて身につく! おさらいワーク

1

右の表は、水素、酸素、水について、粒子をモデルで表してまとめたものです。表の中の㋐～㋒に入る粒子のモデルを下から選んで、[　　]にかきましょう。

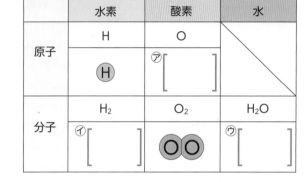

	水素	酸素	水
原子	H	O	
	[H]	㋐[　　]	
分子	H_2	O_2	H_2O
	㋑[　　]	[O][O]	㋒[　　]

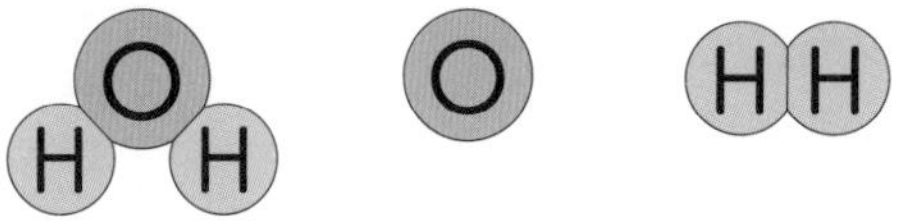

2

燃料電池は、水素と酸素を反応させてエネルギーを得ています。次の㋐～㋒のうち、水素と酸素が結びつくときの反応を正しく表しているものを選んで、[　　]に○を書きましょう。

㋐ [　　] 

㋑ [　　] 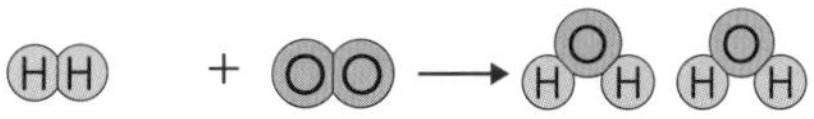

化学反応の前後では、水素と酸素の粒子の数は変わらないんだね!

㋒ [　　] 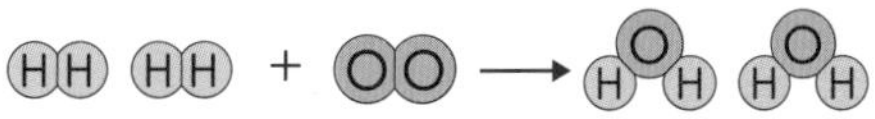

3

身のまわりでは、電池がいろいろなところで使われていますが、充電できる電池と、充電できない電池があります。次の㋐～㋔から、充電できる電池を選んで、[　　]に○を書きましょう。

㋐ [　　] アルカリ乾電池

㋑ [　　] ニッケル水素電池

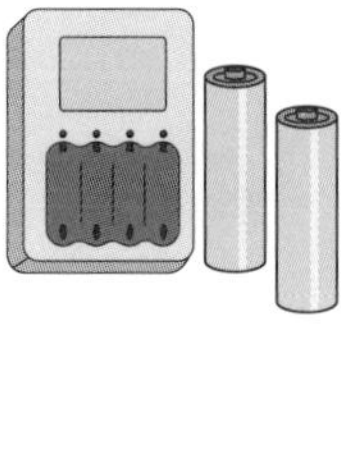

㋒ [　　] 鉛蓄電池

㋓ [　　] マンガン乾電池

㋔ [　　] リチウム電池

まとめ

● 水素の酸化

水素と酸素の反応では、水素分子2つと酸素分子1つが結びついて、水分子2つができる。

● 燃料電池

水素と酸素がもっている化学エネルギーを、電気エネルギーとしてとり出す装置を燃料電池という。

→電気のほかに生じるのは水だけで、有害な排気ガスが出ないので、環境に対する影響が少ない。

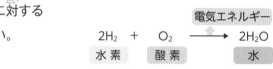

$$2H_2 + O_2 \longrightarrow 2H_2O$$
水素　　　酸素　　　　　　水

● 燃料電池のしくみ

水素が電子を放してプラスのイオンとなり、水素が放出した電子を受け取った酸素がマイナスのイオンとなり、これらが結びついて水になる。

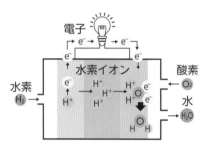

他教科リンク
実技
111ページ

注意 ⚠

燃料電池

燃料電池は、「電池」という名前はついているが、蓄電池のように、充電した電気をためておくものではない。化学反応を起こしながら電気をとり出す装置である。

メモ 🗒

エコカー

エコカーには、①ハイブリッド自動車（HV）、②電気自動車（EV）、③燃料電池自動車の3種類がある。①は、エンジンと電池の2つを組み合わせて走るもので、現在、最も普及している。②は二次電池を使うもので、1回の充電で走行できる距離は①や③と比べて少ないが、家庭用電源でも充電できるのがメリットである。

オススメの一冊

岩貞るみこ『未来のクルマができるまで　世界初、水素で走る燃料電池自動車 MIRAI』（講談社、2016）

Q エコカーの何がエコなの？

A 燃料電池では、反応後にできる物質は水だけで、二酸化炭素や、環境に悪影響を与える物質を出さないから。

★「エコ」は「エコロジー（ecology）＝生態学」からきた言葉で、「環境によいもの」といった意味で使われているね！

おさらいワークの答え：**1** ㋐○　㋑HH　㋒H O H　**2** ㋒に○　**3** ㋑、㋒に○

未来のサイエンス

Q カーボンニュートラルって何？

カーボンニュートラルってよく聞くけど、何のことなんだろう？
植物がかかわっているらしいけど、どんなしくみ？

ページをめくる前に考えよう
ヒントQUIZ

カーボンは、英語に由来する外来語です。
では、カーボンは、水素、炭素のどちらを
意味する？

※答えは次のページ

水素

$_1$H
1.0
ロケットの燃料

原子番号が1で
原子量が1.0だ！
元素の周期表の
最初に出てくる
んだ！

炭素

$_6$C
12.0
ダイヤモンド

黒い炭も炭素だ
けど、ダイヤモ
ンドも炭素だ！
似ても似つかな
いなあ…

A ＞ 二酸化炭素（にさんかたんそ）をプラスマイナスゼロにすること。

プラスマイナスゼロにするって、どういうことなの？

排出したプラスの分を、植物に吸収してもらうということなんだよ。

教科書を 🔍見てみよう！

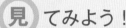

理科

「SDGs」

おもに中学3年理科を参考に作成

● **カーボンニュートラル**
二酸化炭素（にさんかたんそ）などの温室効果ガス（おんしつこうかガス）の排出（はいしゅつ）を、全体（ぜんたい）としてプラスマイナスゼロにすること。

● **二酸化炭素削減（にさんかたんそさくげん）への取り組み（とりく）**
・再生可能エネルギー（さいせいかのう）…太陽光（たいようこう）、水力（すいりょく）、風力（ふうりょく）、地熱（ちねつ）、バイオマスなど、くり返し使用（かえ しよう）できるエネルギー。
・バイオマス発電（はつでん）…家畜（かちく）の排泄物（はいせつぶつ）、木片（もくへん）や落ち葉（お ば）などの生物資源（せいぶつしげん）（バイオマス）を利用（りよう）して発電（はつでん）する方法（ほうほう）。
・コージェネレーションシステム…発電（はつでん）する時（とき）に発生（はっせい）する廃熱（はいねつ）も、別（べつ）の用途（ようと）に利用（りよう）するシステム。

● **SDGs（エスディージーズ）**
持続可能（じぞくかのう）な開発（かいはつ）のための17の国際目標（こくさいもくひょう）のことで、このうちのいくつかは、自然環境保全（しぜんかんきょうほぜん）、科学技術（かがくぎじゅつ）の利用（りよう）と関係（かんけい）がある。

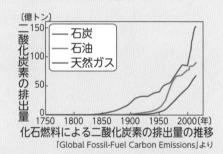
〔億トン〕
二酸化炭素の排出量（にさんかたんそ はいしゅつりょう）
— 石炭
— 石油
— 天然ガス
150
100
50
0
1750 1800 1850 1900 1950 2000〔年〕
化石燃料による二酸化炭素の排出量の推移
「Global Fossil-Fuel Carbon Emissions」より

＞ つまり、こういうこと ＜

光合成（こうごうせい）で植物（しょくぶつ）が吸収（きゅうしゅう）する二酸化炭素量（にさんかたんそりょう）と、燃焼（ねんしょう）で発生（はっせい）する二酸化炭素量（にさんかたんそりょう）が等しければ（ひと）、プラスマイナスゼロである。

大気中（たいきちゅう）の二酸化炭素量（にさんかたんそりょう）は変わらない（か）ということ。

CO₂吸収　差し引きゼロに　CO₂排出

※答えは次のページ

書いて身につく! おさらいワーク

1 大気中の二酸化炭素を増やさないために、さまざまな取り組みが考えられています。㋐〜㋒について説明した文として正しいものを㋔〜㋕から選び、線でつなぎましょう。

いろいろな方法が考えられているんだな〜!

㋐ バイオマス発電 ●

● ㋔ 太陽光、水力、風力、地熱、バイオマスなど、自然環境の中で起こる現象を利用した、くり返し使用することができるエネルギー。

㋑ 再生可能エネルギー ●

● ㋕ 発電するときに発生する熱を、別の用途に利用し、熱と電気のどちらも供給するシステム。

㋒ コージェネレーションシステム ●

● ㋖ 木片や落ち葉、動物のふんといった、生物の生活によって生じた有機物(バイオマス)がもつエネルギーを利用した発電。

2 次の 3 つの図は、二酸化炭素削減についての考え方や取り組みをイメージした図です。㋐〜㋒の[　　　]にあてはまる語句を、右の ▭ から選んで A 〜 C の記号を書きましょう。なお、㋐の図中の CO_2 は二酸化炭素を表しています。

| A 再生可能エネルギー |
| B カーボンニュートラル |
| C バイオマス発電 |

㋐ [　　　]　　㋑ [　　　]　　㋒ [　　　]

他教科リンク 実技 111ページ 「再生可能エネルギー」はどんなエネルギー？

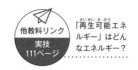

まとめ

●カーボンニュートラル

温室効果ガスの排出を全体としてゼロにするというもの。排出せざるをえなかった分については、同じ量を吸収または除去することで、差し引きゼロを目指している。

●コージェネレーションシステム

ビルやショッピングセンターなどの自家発電には、火力で発電しながら廃熱（今まで捨てていた熱）も利用し、冷暖房や給湯などに利用する**コージェネレーションシステム**が使われているものもある。

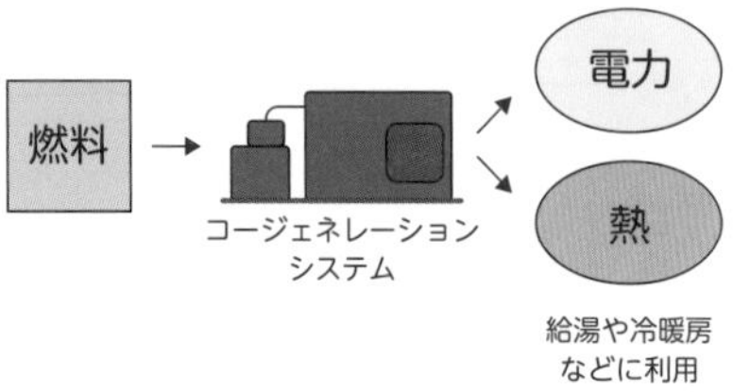

● SDGs（エスディージーズ）

世界中にある環境問題、差別、貧困、人権問題などを、2030年までに解決していこうという17の目標。

メモ

光合成

植物が光のエネルギーを利用し、二酸化炭素と水を原料としてデンプンをつくるはたらきを**光合成**という。光合成が行われるとき、デンプンとともに酸素もつくられる。カーボンニュートラルの取り組みとして、人工光合成の技術の研究もされている。

メモ

SDGs

2015年の国連サミットで「持続可能な開発のための2030アジェンダ」が採択され、17の大きな目標がかかげられた。SDGsとは、「Sustainable Development Goals（持続可能な開発目標）」の略。

オススメの一冊

小野崎正樹：著　小野﨑理香：絵『やさしくわかるカーボンニュートラル　脱炭素社会をめざすために知っておきたいこと　未来につなげる・みつけるSDGs』（技術評論社、2023）

Q カーボンニュートラルって何？

A 排出した温室効果ガスと同じ量の温室効果ガスを吸収、または除去して、差し引きゼロにすること。

★SDGsの17の目標のうち、カーボンニュートラルと直接のかかわりがあるものが、目標7と目標13なんだね！

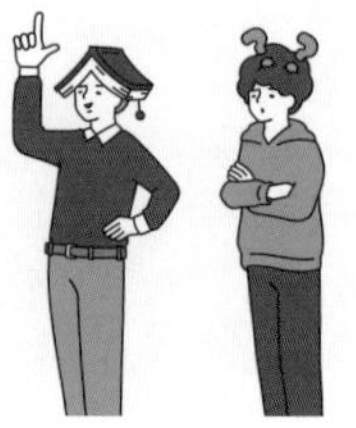

おさらいワークの答え：[1]㋐と㋕、㋑と㋓、㋒と㋔を線で結ぶ。　[2]㋐B　㋑C　㋒A

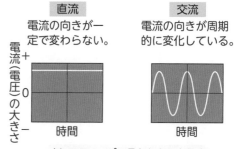

サ行

太陽光、水力、風力、地熱、バイオマスなど、くり返し使用できるエネルギー。

生物の体を構成する、ひとつひとつの部屋のようなもの。細胞には、核、細胞膜などのつくりがある。

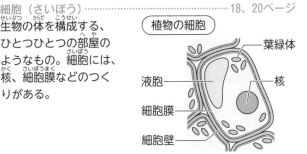

植物の細胞

葉緑体
液胞
核
細胞膜
細胞壁

その地域に、もともと生息している生物。在来種ともいう。

水溶液にしたとき、電離して水素イオン（H⁺）を生じる物質。

物質が酸素と結びつく化学変化。酸化によってできた物質を酸化物という。

液の性質を調べるために用いるもの。リトマス紙、フェノールフタレイン溶液、BTB溶液などがある。

地層ができた時代を推定できる化石。フズリナとサンヨウチュウは古生代の示準化石、恐竜とアンモナイトは中生代の示準化石、ビカリアとナウマンゾウは新生代の示準化石である。

地層ができた当時の環境を推定できる化石。アサリやハマグリの化石は浅い海、サンゴの化石はあたたかくて浅い海だったことが推定できる。

場所が変わっても変化しない、物質そのものの量。質量の単位はg（グラム）、kg（キログラム）で表す。

交流で、1秒間にくり返す電流の向きの変化の回数。周波数の単位はHz（ヘルツ）である。

地球上の物体が、地球の中心に向かって引かれている力。重力はすべての物体にはたらく。重力の単位はN（ニュートン）で表す。

養分が小腸で吸収されやすい細かい粒に変化すること。

消化管の中に出される液。ほとんどの消化液には、消化酵素がふくまれている。

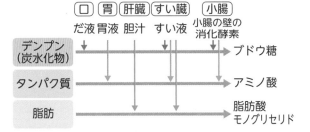

口　胃　肝臓　すい臓　小腸

だ液　胃液　胆汁　すい液　小腸の壁の消化酵素

デンプン（炭水化物）→ブドウ糖
タンパク質→アミノ酸
脂肪→脂肪酸　モノグリセリド

口から、食道→胃→小腸→大腸→肛門と続く、1本の長い管。消化管は、肝臓やすい臓などの器官ともつながっている。

小腸で吸収されやすくするために、養分を分解する物質。消化酵素には、アミラーゼ、ペプシン、トリプシンなどがあり、それぞれの消化酵素は特定の養分を分解する。

物質が固体⇔液体⇔気体と姿を変えること。物質の状態が変化すると体積は変わるが、質量は変わらない。

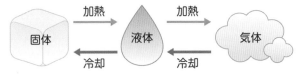

固体 ―加熱→ 液体 ―加熱→ 気体
固体 ←冷却― 液体 ←冷却― 気体

ほかの生物を食べることにより、有機物を得る生物。草食動物や肉食動物など。

液体を沸騰させて気体にし、その気体を冷やして再び液体にする方法。沸点のちがいを利用して、混合物を分けることができる。

自然界において、鎖のようにつながった食べる・食べられるというひとつながりの関係。食物連鎖が網の目のようにからみ合ったものを食物網という。

pH（ピーエイチ）..................................40ページ
液体の酸性やアルカリ性の強さを表す尺度。pH7が中性で、値が小さいほど酸性が強く、値が大きいほどアルカリ性が強い。

PM2.5（ピーエム2.5）.........................96、98ページ
大きさが2.5μm（マイクロメートル）以下の粒子。1μmは、1mmの1000分の1である。

沸点（ふってん）..............................30、32ページ
液体が沸騰して気体になるときの温度。物質の種類によって、沸点が異なる。

浮力（ふりょく）...........................114、116ページ
物体の上面に加わる水圧と、物体の下面に加わる水圧の差によって生じる上向きの力。浮力が重力よりも大きいとき、物体は水に浮き上がる。

分解者（ぶんかいしゃ）.......................22、24ページ
生物の死がいや動物のふんなどを食べ、有機物の分解にかかわっている生物。他の生物から有機物をとり入れることから、分解者は消費者でもある。

分子（ぶんし）..................................126ページ
いくつかの原子が結びついた、物質の性質を示す最小の粒子。

偏西風（へんせいふう）.......................96、98ページ
中緯度地域の上空で、一年中西から東に向かって吹いている風。

放射（ほうしゃ）..............................54、56ページ
放出された熱が、赤外線などの光として伝わる現象。熱放射ともいう。

放射線（ほうしゃせん）.......................88、90ページ
高いエネルギーをもった粒子や電磁波。Ｘ線、α線、β線、γ線、中性子線などがある。

放射能（ほうしゃのう）..........................88ページ
放射線を出す能力。

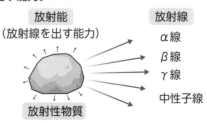

放電（ほうでん）..............................46、48ページ
たまっていた電気が流れ出たり、空間を移動したりすること。

マ行

密度（みつど）..............................10、12ページ
1cm³あたりの物質の質量。物質によって密度が異なる。密度の単位 g/cm³ は「グラム毎立法センチメートル」と読む。

$$密度〔g/cm^3〕= \frac{質量〔g〕}{体積〔cm^3〕}$$

ヤ行

融点（ゆうてん）..............................30、32ページ
固体が液体になるときの温度。物質の種類によって、融点が異なる。

誘導電流（ゆうどうでんりゅう）...............76、78ページ
電磁誘導によって流れる電流。磁石を動かす向きを逆にすると、誘導電流の向きは逆になる。

ラ行

露点（ろてん）..............................50、52ページ
空気中の水蒸気が凝結し始める温度。上昇した空気中の水蒸気が露点に達して水滴になり、空気中に浮かんだものが雲である。

ワ行

惑星（わくせい）...........................104、106ページ
太陽のような恒星のまわりを公転する天体。太陽系の惑星は水星、金星、地球、火星、木星、土星、天王星、海王星。

3 2 1 0 9 8 7 6 5 4
＊＊DCBA